你不可不知的

NI BUKE BUZHI DE SHIWAN GE KONGLONG ZHI MI

十万个恐龙之谜

禹田 编著

云南出版集团 晨光出版社

前 言
PREFACE

　　在这个充满谜团的世界上，有许多知识是我们必须了解和掌握的。这些知识将告诉我们，我们生活在怎样一个变幻万千的世界里。从浩瀚神秘的宇宙到绚丽多姿的地球，从远古生命的诞生到恐龙的兴盛与衰亡，从奇趣无穷的动植物王国的崛起到人类——这种高级动物成为地球的主宰，地球经历了沧海桑田，惊天巨变，而人类也从钻木取火、刀耕火种逐步迈向机械化、自动化、数字化。社会每向前迈进一小步，都伴随着知识的更迭和进步。社会继续往前发展，知识聚沙成塔、汇流成河，其间的秘密该如何洞悉？到了科学普及的今天，又该如何运用慧眼去捕捉智慧的灵光、缔造新的辉煌？武器作为科技发展的伴生物，在人类追求和平的进程中经历了怎样的发展变化？它的未来将何去何从？谜团萦绕，唯有阅读可以拨云见日。

这套定位于探索求知的系列图书，按知识类别分为宇宙、地球、生命、恐龙、动物、人体、科学、兵器 8 册，每册书内又分设了众多不同知识主题的章节，结构清晰，内容翔实完备。另外，全套书均采用了问答式的百科解答形式，并配以生动真切的实景图片，可为你详尽解答那些令你欲知而又不明的疑惑。

当然，知识王国里隐藏的秘密远不止于此，但探索的征程却会因为你的阅读参与而起航。下面，快快进入美妙的阅读求知之旅吧，让你的大脑来个知识大丰收！

目 录
CONTENTS

第一章
恐龙王国

第二章
恐龙的远亲

第一章

恐龙王国

　　大约 2.3 亿年前，在郁郁葱葱的大陆上出现了一种新生命——可以用两条腿走路的爬行动物，它身体不大，动作灵巧，我们称这种爬行动物为恐龙。恐龙在随后数百万年的时间里发展得令我们既吃惊又着迷。它们中有的成了古往今来地球上最大的动物，有的长着骨甲板，有的长有刺、角甚至"帆"。这种爬行动物生命坚韧、适应力强，统治地球长达 1.65 亿年之久。然而，在漫长的地球生命演化史上，生命又是脆弱的，不断地经历着消亡与新生的更替。恐龙这个大家族也不例外，它们在中生代结束之际唱响了史上最壮烈的一首悲歌。

1 谁最早发现了恐龙？

在 19 世纪 20 年代以前，"恐龙"这类动物并不为人们所知。最早发现恐龙的是英国乡村医生吉迪恩·曼特尔。他除了行医之外，还热衷于采集化石。1822 年的一天，他和妻子在路边的岩石堆里发现了一种大而奇特的动物牙齿化石，而这些岩石堆来自于一个采石场。随后，他们又赶到这个采石场，找到了许多这样的牙齿以及相关的骨骼化石。当时，曼特尔一直未能搞清楚这是什么动物的化石，直至 1825 年，也就是威廉·巴克兰发表了对"巨齿龙"描述的第二年，他才明白这是一种巨型史前爬行动物的化石，并给它取名为禽龙。

| 吉迪恩·曼特尔

2 "恐龙"之名是怎么得来的？

"恐龙"这个名字是由英国古生物学家欧文于 1842 年正式提出的。欧文是一位杰出的古生物学家，他在中生代爬行动物方面的知识相当渊博。在对恐龙化石进行了深入的研究后，他认为这类动物与所有已知的动物都不相同，理当给它们起一个独立的名字。考虑到它们的牙齿、利爪、巨大体形以及其他令人印象深刻的恐怖特征，欧文把它们命名为"恐怖的蜥蜴"，我国科学家将它的中文名翻译为"恐龙"。

3 不同种类的恐龙是怎样被命名的?

恐龙的命名方式有很多种,有的源自形体特征、生活习性或发现地,例如,似鸟龙因为长得像鸟而得名,食肉牛龙是将其食肉的习性和类似牛的外表结合起来命名的,沱江龙则是以发现地来命名的;也有一些恐龙的名字源自某个特别的人名,例如,有一种名叫雷利诺龙的恐龙,它的名字就是一对考古学家夫妇根据他们最喜爱的小女儿的名字命名的。

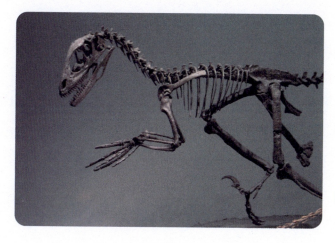

| 雷利诺龙

4 目前已知的恐龙种类有多少?

目前,人类发现的恐龙化石已经超过1000种。当然,这其中只有约一半的恐龙具备完整的骨架,这样科学家才能宣称它是独特的单物种。所有这些恐龙都被列入已证实的大约300个恐龙属中,它们是按照共性联系起来的种群。科学家还推测,另有700~900多种恐龙尚未被发现。

⁵ 恐龙生活在什么地方？

　　恐龙化石最早被发现于欧洲，之后在北美洲、亚洲、非洲、南美洲、大洋洲等地不断被发现。后来，科学家在南极洲也找到了恐龙化石。这些发现说明，几亿年前的地球上拥有一个完整的大陆，恐龙在那里可以自在地四处漫游，因此它们几乎遍布地球陆地上的各个角落。

⁶ 恐龙公墓是怎么回事？

　　在世界的一些地方，大量恐龙遗骸集中埋藏在了一起，人们把这些集中埋葬恐龙的地方称为"恐龙公墓"。这些公墓中埋藏的恐龙通常仅有一种，但是有时也会有很多种。世界上比较著名的恐龙公墓有 4 个：加拿大阿尔伯塔省恐龙公园、美国国立恐龙公园、中国自贡大山铺恐龙化石群遗址、中国二连盆地白垩纪恐龙国家地质公园。

| 加拿大阿尔伯塔省恐龙公园

4

7 恐龙化石是如何形成的？

恐龙死后，它的尸体被沙子、泥土等覆盖，身体中的肌肉等软组织因腐烂而消失，骨骼及牙齿等硬组织沉积在泥沙中，处于与氧隔离的环境下，经过数百万年的地质作用，慢慢石化，成为化石。此外，恐龙生活时的遗迹如脚印及恐龙蛋等，经过长时间的沉积作用也可以石化，变为化石保存下来。我们现在了解的关于恐龙的信息，大部分都是通过恐龙化石得来的。

| 恐龙爪子的化石

8 恐龙身体的哪些部分最容易形成化石？

恐龙身体里坚硬的部分，像牙齿、骨头、爪子和角等，最容易形成化石。因为恐龙身上的肌肉、内脏等部分，很有可能被别的动物吃掉，即使不被吃掉也很容易腐烂掉，所以这些部分很难形成化石，只有牙齿、骨骼、爪子和角等硬质不容易腐败的部分才有可能保存在地层里，最终形成化石。

9 科学家们是怎样复原恐龙的？

科学家利用恐龙骨架模型在电脑中复原恐龙，并模拟它的运动。

我们现在所看到的恐龙模型，都是科学家们通过对恐龙进行研究后复原处理出来的。恐龙化石刚出土时，只有一副骨架或是几块骨头，上面并没有肌肉和皮肤。科学家们先拿出恐龙的化石，将化石上的石屑或泥土都清理干净，然后根据恐龙的近亲鳄鱼的皮肤、肌肉的样子，给恐龙化石填上肌肉，再配上和鳄鱼类似的皮肤，这样，一具有血有肉的恐龙就出现在大家眼前了。

10 恐龙的重量和体积是怎样测算出来的？

在恐龙的化石遗骸中，有一些是保存基本完整的骨骼化石，专家通过这些化石来复原恐龙的模型。恐龙的体积是利用恐龙的模型计算出来的。首先，依据恐龙的骨架做一个缩小的模型；然后，将做好的模型放入水中，测量出模型的体积；最后，再进行比例换算，就能得出恐龙的真实体积。用恐龙的体积乘以现代与恐龙亲缘关系较近的爬行动物的比重，就可得出恐龙的大致体重。

¹¹ 研究者是怎样判断恐龙食性的？

　　研究者通常根据恐龙特定部位的化石的特征，来判断恐龙的食性。肉食性恐龙一般比植食性恐龙健壮、轻巧、灵活，通常它的前肢短小，末端有利爪，用于捕获猎物；后肢粗壮，善于奔跑；头大颈短，宽阔的嘴中充满锋利的牙齿，牙齿的边缘带有锯齿，用于切割猎物的身体。植食性恐龙通常身体庞大，颈长头小，行动较笨拙，多用四肢行走；牙齿扁平，为不带锯齿的勺形齿或钉状齿，用于咀嚼、切断植物的茎和叶。

¹² 人们是怎样得知恐龙生活习性的？

　　两亿年前的恐龙虽然灭绝了，但是恐龙的近亲鳄鱼一直存活到今天。鳄鱼和恐龙是由相同的祖先进化而来的，在鳄鱼身上可以找到恐龙的一些特征。现在，人们常常以鳄鱼的生活习性去推断恐龙的生活习性。另外，人们可以根据恐龙化石周围的地质构造和其他动植物化石还原出恐龙生活时代的环境，了解其生活习性。

13 恐龙与其他爬行动物有什么区别?

恐龙与其他爬行动物最大的区别在于站立姿态和行进方式的不同。恐龙的四肢长在身体的正下方,可以支撑起躯体,具有全然直立的姿态。而其他种类的爬行动物,四肢位于身体两侧,且向外伸展。相比之下,恐龙的肢体构造更适合行走和奔跑,而其他爬行动物只能爬行。另外,恐龙躯体的构造可以减轻四肢弯曲时身体所承受的压力,有助于恐龙进化出巨大的体形。

14 怎样区分不同种类的恐龙?

早期的古生物学家认为,恐龙是自成一类的爬行动物。后来,随着研究的深入,他们才发现,恐龙实际上包括了两个不同的目,即蜥臀目(一般称蜥臀类)和鸟臀目(一般称鸟臀类),二者的区别在于臀部的骨骼(解剖学上称为腰带)结构:蜥臀目的腰带从侧面看是三射型,耻骨在肠骨下方向前延伸,坐骨则向后伸,这样的结构与蜥蜴类动物相似;鸟臀目腰带的肠骨前后都大大扩张,耻骨则有一个大的前突起,伸出在肠骨的下方,因此,骨盆从侧面看是四射型。这两大类下面还划分了若干小类,例如蜥臀目包括原蜥脚类、蜥脚类和兽脚类,鸟臀目包括鸟脚类、角龙类、剑龙类、甲龙类、肿头龙类。它们共同构成了庞大的恐龙王国。

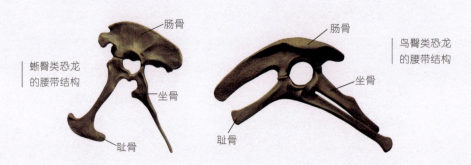

肠骨

肠骨

鸟臀类恐龙
的腰带结构

蜥臀类恐龙
的腰带结构

坐骨

坐骨

耻骨

耻骨

15 蜥臀类恐龙具有什么样的特点？

　　蜥臀类恐龙的成员，个体差别很大，生活习性各不相同。有的只有鸡一般大小，如美颌龙；有的长达三四十米，高十多米，重几十吨到一百吨，如蜥脚类恐龙。食性上，有凶猛的肉食者，如大多数兽脚类恐龙；也有温和的植食者，如原蜥脚类和蜥脚类恐龙；还有肉和植物兼食的杂食者，如兽脚类中的窃蛋龙、似鸟龙。

16 为什么鸟臀类恐龙取食植物的效率更高？

　　鸟臀类恐龙几乎都是植食性的，它们除了臀部结构相似外，其他主要特征是齿槽较深，由此专家推测有些还可能有面颊。鸟臀类恐龙取食植物的效率高于植食性的蜥臀类恐龙，原因是它们之中的许多具有角质喙，便于掐取植物，并具有强有力的颊齿，用以磨碎食物，同时可将食物储于面颊内，以避免食物在咀嚼过程中从口中掉出。

有一些恐龙长有像鸟一样的羽毛。

17 恐龙是冷血动物吗？

生活在现今的脊椎动物——鱼类、两栖类和爬行类都属于冷血动物，它们的体温是随着周围环境温度的变化而改变的。由于恐龙身上的许多特征与现代爬行动物相似，所以人们通常认为恐龙也属于冷血动物。但有一些学者提出了不同的看法，他们认为恐龙是温血动物，原因是有一些兽脚类恐龙长有像鸟一样的羽毛，而羽毛是御寒用的。因此，关于恐龙的温血动物学说似乎也有一定道理。恐龙到底是冷血动物还是温血动物，至今仍无定论，谜团有待更多的新发现去揭示。

18 巨型恐龙是如何调节体温的？

温血动物通过新陈代谢来调节体温，冷血动物则以行动来调节体温。巨型恐龙因为身躯庞大，热容量也大，需要很长的时间才能变冷或者变热，所以它们可以将热量稳定地保持在体内。因而科学家推测，巨型恐龙除了从外部获取大部分的热量（如阳光照射）外，像大型植食性恐龙还可依靠消化系统内的植物发酵来产生相当多的热量。

¹⁹ 恐龙身上长鳞吗？

迄今发掘的几例恐龙皮肤化石表明，有些恐龙身上长鳞，这些鳞片深深嵌入其厚厚的、粗糙的皮肤中。许多恐龙的鳞片几乎都呈六边形，就像一个个蜂房一样。这些有鳞的皮肤能保护恐龙免受敌人锋利的牙齿和爪子的攻击，以及蚊虫的叮咬。

| 恐龙皮肤化石

²⁰ 恐龙的脚长什么样？

不同种类的恐龙，脚的形状长得也不一样。蜥脚类恐龙长着圆形的厚实脚底，第一到第三趾上生有爪子，另外两个趾上生有小而钝的"蹄子"；鸟脚类恐龙长有强壮的后肢用于奔走；兽脚类恐龙的脚则和现在的鸟脚有些相似，长着非常长的脚，并且生有又长又细的趾，非常适合奔跑。

| 这只蜥脚类恐龙
有着粗壮的脚。

21 怎样区分鸟与兽脚类恐龙的足迹?

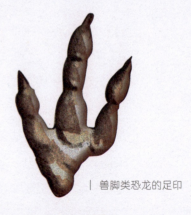

| 兽脚类恐龙的足印

鸟与兽脚类恐龙具有亲缘相似性,因此它们的足迹也是非常相似的。鸟足迹明显不同于兽脚类恐龙足迹的地方在于,鸟的前三个脚趾张开得更加开阔,每两个趾之间的夹角约为90°,而兽脚类恐龙每两个趾之间的夹角只有45°。另外一个不同之处就是第四个后脚趾:鸟的后脚趾是往后突出的,因此能在化石足迹里看出来;而兽脚类恐龙的后脚趾通常是不沾地的,因此不会留下足印。

| 鸟的足印

22 为什么有的恐龙用四只脚走路,有的则用两只脚?

大部分肉食性恐龙都用后肢行走,因为它们必须用前肢去猎取以及抓握猎物。许多大型植食性恐龙则用四肢行走,因为它们体形庞大,只有靠四只像柱子一样的脚撑住身体才能移动。另外,还有一些恐龙可以根据需要来决定是用两只脚还是四只脚行走。当然,这类恐龙需要一双既能支撑身体又可以抓握东西的特殊前肢。

23 恐龙的爪子有什么作用？

恐龙的身体大小不同，爪子的形状和大小也不一样。同类恐龙的爪子具有一定的相似性。肉食性恐龙前肢上的爪子又长又锋利，可以紧紧抓住和撕扯猎物；小型肉食性恐龙除了用利爪抓捕小型猎物外，还可在土里刨食昆虫；植食性和杂食性恐龙因为不需要猎杀动物，所以爪子较短且宽平，粗糙且强韧，主要用来攀爬树干、摘取树叶或挖掘食物，有的如蹄子般的爪子还可作为防卫武器。

24 恐龙的尾巴有什么用？

不同恐龙的尾巴有着各自不同的作用。例如，蜥脚类恐龙会把尾巴当鞭子来用，抽打敌人；靠后腿站立的肉食性恐龙，用尾巴来平衡头部和身体的重量；小巧的肉食性恐龙则利用尾巴来保持平衡；嗜鸟龙的尾巴在转弯时起到方向舵的作用；甲龙的尾巴上有个尾锤，可以像兵器一样猛烈地击打敌人；鸭嘴龙则通过摆动尾巴来帮助游泳。

梁龙的长尾巴挥动起来像鞭子一样。

13

25 恐龙的骨组织上也有年轮吗？

科学家发现，恐龙及今天的许多爬行动物的骨组织上都有年轮，即骨骼里的生长纹（类似于树木的年轮）。有些时候，骨骼里的生长纹可以显示恐龙在每年的某个时期生长得比其他时期更快。通过计算这些生长纹，我们可以估算出恐龙的年龄。

26 为什么有些恐龙可以跑得飞快？

快速奔跑往往是出于逃避攻击或追捕猎物的需要，这就要求善跑的恐龙具备形体构造的优势。善跑的恐龙体形都很相似：长长的后肢，可以加大步伐；细长的小腿和窄窄的足，则能够让它们跑得更快，更有效率；身体其他部分通常很轻，也很短；至于细长的尾巴，则起着平衡的作用。有些行动敏捷的恐龙奔跑起来，最快时速高达 56 千米，相当于赛马奔跑的速度。

似鸵龙在受惊的情况下可以跑得非常快，因此它被称为恐龙王国中的快跑能手。

27 恐龙会游泳吗？

恐龙习惯在比较干燥的陆地上生活，但这并不是说它们就是"旱鸭子"。它们像现生的许多陆生动物一样，在迁移时，在逃避敌害时，或者在闲暇时，也会下到水中。诸如有些蜥脚类恐龙在逃避肉食性恐龙的追捕时能够进入河流中躲避，不过它们都只能做一些简单的游泳。有恐龙足迹化石表明，有些肉食性恐龙在追逐猎物时也能下到水中，但相比之下，它们在水中就要笨拙多了。

28 肉食性恐龙具有什么样的特点？

肉食性恐龙的骨盆稍窄，肠子较短，有利于消化肉食。这种恐龙都长着大而尖的牙齿，能杀死猎物并将肉从它们身上撕扯下来。肉食性恐龙通常还长着强有力的下颌和肌肉，这可以使牙齿的咬合力更加强大。肉食性恐龙还具备良好的视力、敏锐的嗅觉和大容量的大脑，可以构思捕猎计划。另外，肉食性恐龙的尾巴都很长，可以在奔跑时保持身体平衡。

左图：植食性恐龙——板龙的头骨
右图：肉食性恐龙——暴龙的头骨

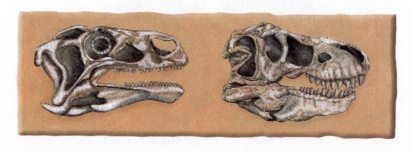

29 植食性恐龙为什么适宜以植物为食？

植食性恐龙的肠子比肉食性恐龙的要长得多，这非常适合消化粗糙、坚韧的植物。有些植食性恐龙的消化系统中还生有一个发酵腔，那里的细菌会把植物纤维分解掉。另外，植食性恐龙的牙齿也没有肉食性恐龙的锋利，不能撕裂动物的皮肉，所以它们只能吃粗糙的植物。

30 植食性恐龙主要吃什么植物？

不同时期的植食性恐龙吃的食物也不同。三叠纪时期，植食性恐龙可以吃的植物主要有针叶树、银杏树、苏铁类植物以及小一些的蕨类植物、木贼和石松等。侏罗纪时期，植食性恐龙主要吃针叶树的叶子。白垩纪中期到晚期，地球上出现了许多开花植物和灌木，如木兰、胡桃等，一些植食性恐龙便开始选择以它们为食了。

| 苏铁化石

31 为什么杂食性恐龙要选择杂食？

在目前已知的恐龙中，只有很少一部分是杂食性恐龙，其中以似鸟龙、窃蛋龙为代表。杂食性恐龙的取食范围很广，包括很多种不同的植物和动物，如昆虫、蛋和小动物。这些恐龙之所以选择杂食，研究者认为很可能是因为栖息地缺少肉食或植物，或者是出于逃避伤害的目的，便转而选择一些更容易寻觅的食物来充饥。

32 恐龙之间能和睦相处吗？

恐龙之间也存在生存竞争，因此它们很难实现彼此和睦相处。肉食性恐龙是恐龙中的强者，只要有它存在，就免不了出现弱肉强食的现象。尽管一些庞大的植食性恐龙看起来威风八面，但它们也常常成为那些寻衅滋事的肉食性恐龙的美餐。某些植食性恐龙会采取集体防卫的战术来一致抵御进攻者，但其中也不乏一些不能与之匹敌而丧生于敌手的。对于杂食性恐龙来说，它们虽然擅长机动取食，但也免不了会遭遇肉食性恐龙的攻击。

大部分植食性恐龙选择群居来抵御肉食性恐龙的袭击。虽然大部分的肉食性恐龙喜欢独居，但也有些会聚集起来，集体狩猎。

33 恐龙怎样吸引异性的注意？

　　研究者认为，恐龙通过炫耀、声音沟通、争斗三种方式来吸引异性的注意。有些恐龙长着巨大而漂亮的骨板，有些长着艳丽的头冠，这些特殊装备增加了向异性炫耀的资本。有些恐龙的头骨里长着完整无缺的耳朵，它们可能以声音求偶。平时和睦相处的植食性恐龙，为了争夺伴侣也会发生争斗，获胜者才能赢得伴侣的青睐。

34 为什么很难通过化石来区分恐龙的性别？

　　如何依据恐龙化石确定其性别，是多年以来一直让科学家感到困惑的问题。恐龙是卵生脊椎动物，雄性与雌性的骨骼差异很小，这一点完全不同于胎生哺乳动物。胎生哺乳动物可以通过骨盆的宽窄区分性别，其中骨盆宽的应当是雌性。不过，有科学家称，可以根据恐龙的头冠来判断它们的性别，头冠大的一般是雄性。但这仅适用于少数有头冠的恐龙，而且谁雌谁雄也只是人为臆断的结果，并不具有说服力。目前，科学家正在探索更好的研究方法，来揭示恐龙的雌雄问题。

35 恐龙筑巢吗？

恐龙是卵生的，所以是会筑巢的。现已发现了数以百计的恐龙巢穴，然而，并不是所有的恐龙巢穴都很相像。一些巢穴只不过是在土地或沙地中挖的深坑；有些则更复杂，巢穴很深，边缘是用泥土垒成的，里面还铺有一层像草一样的衬里。

36 恐龙喜欢在什么样的地方生蛋？

由陆续发现的恐龙蛋化石可以证实：恐龙和现代爬行动物及鸟类一样，也会生下带硬壳的蛋。恐龙喜欢在有水的、朝向太阳、地势较高的地方生蛋。为了生出可爱的小宝宝，恐龙妈妈们会选择一些周围有很多湖泊、沼泽的盆地作为生蛋的地方。这种地方气候温暖湿润，有足够的阳光照射，小恐龙们能够顺利地从这些恐龙蛋中孵化出来。

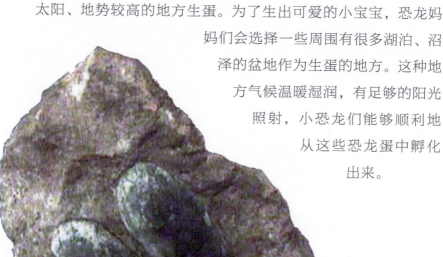

| 恐龙蛋化石

37 恐龙蛋化石中有恐龙的 DNA 吗？

恐龙产的蛋因为具有结实的外壳，所以可以保存为化石。恐龙蛋的大小不一，通常为卵圆形，少数为长圆形和椭圆形。古生物中的 DNA（脱氧核糖核酸，一种有机化合物）是在特殊条件下被保存下来的，如果这些恐龙蛋没有变成化石，人们就能从这些蛋中找到恐龙的 DNA，但是现在它们已经完全石化变成无机物了，所以恐龙蛋化石里是找不到 DNA 的。

38 小恐龙是怎样长大的？

恐龙蛋会根据温度的不同，经过几个星期也可能是几个月，才孵化出小恐龙。人们还在恐龙巢穴中发现，小恐龙的牙齿化石有一些轻微的磨损，这表明它们已经吃过东西。但是它们的腿骨和关节还没有完全长成，尚且不能四处走动，由此可以推测，它们的父母一直在照顾它们，给它们喂食，直到它们长大。

| 恐龙宝宝

20

39 恐龙时代到底有多长？

恐龙时代十分漫长，从 2.3 亿年前到 6600 万年前，大约经历了 1.65 亿年。人们把恐龙占统治地位的中生代这段漫长的时期分为三个阶段：三叠纪、侏罗纪和白垩纪。三叠纪中期，恐龙才开始出现；到了侏罗纪时期，恐龙体积达到最大；白垩纪则是恐龙种类最多的时期。

40 三叠纪时的地球环境是怎样的？

三叠纪始于 2.52 亿年前，终止于 2.01 亿年前，持续了大约 4500 万年。那时的世界和今天的世界完全不一样，所有的陆地还都连在一起，称泛古陆。三叠纪之初，地球上气温很低，后来才逐渐变温暖，并有了季节变化，多样的地貌也随之产生。最早的恐龙、似哺乳类爬行动物和会飞的翼龙在针叶树和苏铁类植物点缀的大地上繁衍生息，此外陆地上还生活着小型类蜥蜴动物及一些巨大的两栖动物。三叠纪晚期，干旱开始席卷全球，泛古陆赤道周围的地区逐渐沙漠化，一些动物开始大规模灭绝，恐龙则逐渐繁盛起来。

三叠纪时的地球示意图

41 为什么说三叠纪晚期是恐龙时代的黎明？

恐龙在三叠纪中期出现，它们和许多大型的食肉动物、食植动物生活在一起。这些动物中有很多比恐龙要大得多，也厉害得多。到三叠纪晚期，恐龙才开始繁盛。这时的恐龙进化成更加高级的动物，它们能双足行走，而且身体还能保持直立，步伐更大，行动更加敏捷。它们不仅数量增多，还出现了许多以前没有的新种类。所以，人们称三叠纪晚期是恐龙时代的黎明。

42 三叠纪时期，地球上主要生活着哪些恐龙？

在三叠纪时期，地球上主要生活着一些原蜥脚类恐龙、兽脚类恐龙和极少数的鸟脚类恐龙。生活在三叠纪晚期的原蜥脚类恐龙，是一类大小中等的植食性恐龙；这一时期的兽脚类恐龙则是一些靠着两足行走，长有锐利的爪子和锋利牙齿的肉食性恐龙（也可能是杂食性的）；生活在三叠纪晚期的鸟脚类恐龙，种类和数量都比较少，不过它们都是植食性恐龙。

43 哪些恐龙是最古老的？

　　科学家一直在寻找恐龙的祖先以及最古老的恐龙。由于研究材料有限，直到现在科学家尚未完全弄清原始恐龙的情况。现今，许多恐龙专家都认为，生活在三叠纪的南十字龙、埃雷拉龙以及始盗龙是比较古老的恐龙。但随着新的恐龙化石不断被发现，对这一问题的看法肯定会被不断修正。

| 始盗龙

44 兽脚类恐龙与鸟类有哪些相似之处？

　　绝大多数兽脚类恐龙的骨骼中空，这样有利于减轻体重，加快奔跑速度。中空的骨骼对于飞行最有利，所以鸟类的骨骼也都是中空的。另外，兽脚类恐龙的脚其实更加类似鸟类的脚。因此，许多科学家推测，鸟类与兽脚类恐龙可能有着共同的进化祖先。

45 为什么说兽脚类恐龙是天生的猎手？

兽脚类恐龙出现很早，是最早的恐龙类群之一。说它们是天生的猎手，是因为它们从一开始就以高度特化的奔跑形象出现。所有兽脚类都是后肢发达，均以后肢着地，这样适于支撑身体及行动；前肢短而灵活，适于攫取及撕碎猎物。几乎所有肉食性恐龙都包括在兽脚类中。在三叠纪晚期的地层中，除南极洲以外，各大陆均有兽脚类恐龙化石出土。

46 为什么早期的肉食性恐龙要集体狩猎？

大多数早期的肉食性恐龙体形都很小。它们的主要食物可能是更小型的动物，比如蜥蜴和早期的哺乳动物。同时期的植食性爬行动物大多体形庞大，但它们也可能成为肉食者捕猎的目标。一些早期的肉食性恐龙便采取集体狩猎的战术，这样可以捕杀到一些大型的植食性动物。直至今天，这种集体战术在野外仍然常见，例如加拿大狼群就利用这种方法捕食比自己大得多的驼鹿。

一只原蜥脚类恐龙——优肢龙陷在了泥潭里，正当它无助地挣扎时，一群猎食者攻击了它。

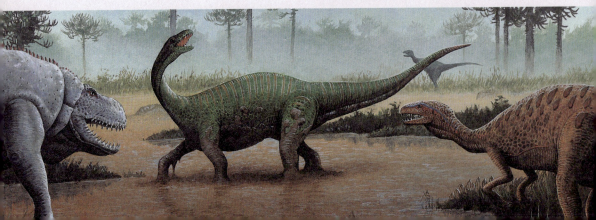

47 始盗龙的名称是怎样得来的？

　　始盗龙是目前为止发现的最古老的恐龙之一，属于兽脚类，生长在三叠纪晚期，体长仅有 1 米左右，体重也只有 6 千克，分布在阿根廷及其周边地区。对于当时的动物来讲，它就像是一个突然入侵的强盗。因为它比其他动物都厉害，所以古生物学家把它命名为始盗龙，大意是"黎明的掠夺者"。

| 始盗龙

48 为什么说始盗龙是恐龙的祖先之一？

　　始盗龙的一些特征表明，它是地球上最早出现的恐龙之一。例如，它的前肢具有 5 根指，其中 3 根指上有爪，而后来出现的肉食性恐龙的指数则趋于减少，像最后出现的霸王龙等大型肉食性恐龙只剩下 2 根指了。再如，始盗龙的腰部只有 3 块脊椎骨支持着它那小巧的腰带，而后来的恐龙越变越大时，支持腰带的腰部脊椎骨的数目也相应增加了。

⁴⁹ 始盗龙的身手为什么那么迅捷？

始盗龙身形小巧，只有一只狐狸那么大。和其他后来出现的恐龙一样，它利用直立的双腿行走。和其他匍匐前进的爬行动物相比，双腿直立行走显然会快得多。还有，通过化石分析可知，始盗龙的头部是由纤细的骨骼构成的，这种重量很轻的结构使它能够行动便捷。后来出现的绝大多数肉食性恐龙的颅骨都是这种构造。另外，它的四肢骨骼薄并且是中空的，又大大减轻了重量。这些都使得它能身轻如燕，快速出击。

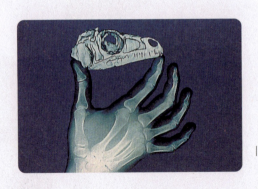

| 始盗龙颅骨的 X 光片

⁵⁰ 始盗龙奇特的牙齿说明了什么？

始盗龙的牙齿结构非常奇特，前方的牙齿呈树叶状，这是典型的植食性动物的牙齿；后方的牙齿却长成了锯齿形，像带槽的牛排刀一样，这是肉食性动物的牙齿特征。这一特征表明，始盗龙很可能既吃植物又吃肉。这同时也说明，最古老的恐龙可能是一种杂食性动物，植食性恐龙和肉食性恐龙则是在以后的进化中才逐渐分化出来的。

51 为什么说埃雷拉龙比始盗龙年轻？

埃雷拉龙也叫黑瑞龙，和始盗龙一样也生活在三叠纪时期。在始盗龙化石被发现之前，埃雷拉龙一直被认为是最古老的恐龙，然而随着研究的深入，人们才意识到，始盗龙比埃雷拉龙更古老。埃雷拉龙的下颌拥有所有肉食性恐龙都具备的灵活关节，而始盗龙却没有，这说明埃雷拉龙比始盗龙年轻，更进化一些。研究结果测知，埃雷拉龙比始盗龙晚出现200多万年。尽管如此，埃雷拉龙仍是现今所发现的最为古老的恐龙之一。

52 埃雷拉龙是肉食性恐龙的原始类型吗？

埃雷拉龙比始盗龙大得多，体形相当于一只老虎，是一种原始的兽脚类恐龙。与始盗龙一样，埃雷拉龙也是杂食性的，然而它极具攻击性。它的后肢强壮有力，短小前伸的前肢和锋利的牙齿是它的主要杀伤性武器，这是肉食性恐龙所共有的特性。另外，它的背部呈水平状，整个身体由一条长尾巴保持平衡，这也是所有其他即将出场的肉食性恐龙的基本特征。

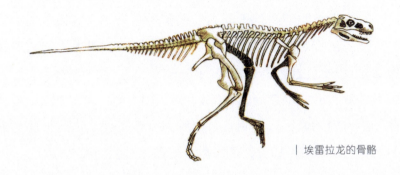

| 埃雷拉龙的骨骼

53 南十字龙是怎样得名的？

| 南十字龙

南十字龙是已知最古老的恐龙之一，它的化石于1970年在巴西发现，而当时在南半球发现的恐龙例子极少，因此它的名字便以只在南半球才看得见的星座——南十字星来命名了。南十字龙身长2.1米，体重约30千克，长着整齐的牙齿，还有两条像鸟腿一样细长的后肢。

54 为什么南十字龙的归属很难确定？

由于南十字龙的化石记录极为不完整，只有大部分的脊椎骨、后肢和大型下颌，所以人们现在对南十字龙的认识还不够深入。从腰带结构上看，南十字龙像是蜥臀类恐龙，但它的肠骨上却有一个发育完好的臀部孔——髋臼，这又是蜥臀类恐龙所不具备的特征。然而，它的头部比例很大，口腔内腭上长有整齐锋利的牙齿，这证明它是一种肉食性恐龙。由此推测，它很可能是处于从兽脚类到蜥脚类分歧进化过渡期内的恐龙。

55 三叠纪时期最大的肉食性恐龙是哪种？

理理恩龙体长 3~5 米，重 100~140 千克，是三叠纪时期最大的肉食性恐龙。它长得很像后来出现的双脊龙——头上长有两个头冠，有着长长的脖子和尾巴，前肢却相当短。此外，理理恩龙还显示出了许多早期肉食性恐龙的特征，例如，前肢有 5 根指，不过第四指和第五指已经退化缩小了。

56 理理恩龙为什么喜欢在水里袭击猎物？

理理恩龙是当时许多动物，特别是板龙的天敌。理理恩龙攻击猎物的方式与许多现代的捕食性动物的猎食方式很相似，通常在水里袭击猎物，这是因为那些大型的植食性动物在水里运动会变得很缓慢，难以逃脱捕食者的袭击。

两只理理恩龙正在袭击一只原蜥脚类恐龙。

57 腔骨龙的骨头是空心的吗？

腔骨龙是三叠纪时期凶猛的肉食性恐龙之一，特点是前肢短，具有适于攀缘和掠取食物的灵活性。它的身体构造轻巧，个头不大，体长大约只有 3 米，骨头像鸟类一样有些是空心的，所以它们的体重很轻，仅 27 千克左右。这也是它们的身体能够保持灵活轻巧的原因。腔骨龙的名称也是由此而来的。

| 腔骨龙

58 腔骨龙真的凶残到会吃自己的孩子吗？

在北美洲，人们曾发现过几十只腔骨龙埋藏在一起的情景。其中特别值得一提的是，在有的腔骨龙化石骨架的体腔内还发现有幼龙骨架。这是怎么回事呢？有学者认为，腔骨龙可能是一种会残忍捕食自己幼崽的可怕动物，在饥饿难耐的时候，连自己的子女也不放过。而另一些学者则认为，腔骨龙可能是卵胎生的，即受精卵在母体内依靠卵内储藏的营养发育，经过一段时间后，母体再将孵出的小宝宝产出体外。孰是孰非，我们目前还不能下定论，需更多的化石标本来印证。

59 植被的进化决定了植食性恐龙的兴起吗？

在爬行动物时代早期，最常见的植物是一种有籽的蕨类，它们是当时主要的植食性动物——似哺乳类爬行动物的第一食物来源。这种有籽蕨类植物在三叠纪时期慢慢消失了，取而代之的是看起来与现代物种更加相像的另外一些蕨类植物。一种叫作喙头龙的爬行动物以它们为食。到了三叠纪晚期，随着针叶树开始遍布各地，植食性动物的主角又换成了原蜥脚类恐龙，它们的出现标志着植食性恐龙的崛起。

似哺乳类爬行动物

喙头龙

恐龙

60 最早的植食性恐龙具有什么样的特点？

最早的植食性恐龙出现在三叠纪晚期，跟肉食性恐龙大致是同时开始进化的，属于原蜥脚类。原蜥脚类恐龙既可以用后肢行走，也可以用四肢走动。它们与肉食性恐龙最大的不同是脖子更长，头骨较小，口中生着细小的牙齿，尾巴粗大，肚腹更大（由于是以植物为食）。它们的前足和后足均保持了五指（趾）型结构。

61 为什么原蜥脚类恐龙多用四肢行走？

原蜥脚类恐龙都是植食性恐龙，它们最显著的特点是身躯庞大。为了消化吃进去的大量植物，植食性恐龙必须要有比肉食性恐龙多得多的消化器官。原蜥脚类恐龙的一大团沉重的肠子离臀部相当远，所以如果它们像肉食性恐龙一样只用两只脚行走的话，根本保持不了平衡，因此，它们很早就演变成用四只脚行走了，只在必要时才用两条强壮的后肢直立起来行动。

62 三叠纪时期以来生活着哪些原蜥脚类恐龙？

自三叠纪时期以来，泛大陆上到处分布着原蜥脚类恐龙。南非生活着黑丘龙，西欧生活着槽齿龙，北美洲的西部生活着安琪龙，南美洲的则是里奥哈龙。其他一些原蜥脚类恐龙，例如板龙以及与板龙类似的许氏禄丰龙，则生活在现今的中国。这些原蜥脚类恐龙活跃在三叠纪晚期至侏罗纪早期，到侏罗纪中期相继消亡。

| 三叠纪时期以来的原蜥脚类恐龙

黑丘龙

里奥哈龙

槽齿龙　安琪龙

63 三叠纪时期，什么恐龙像公共汽车那么长？

在大型植食性恐龙——板龙出现之前，最大的植食性动物的体形只有一头猪那么大。相比之下，板龙则要大得多，身长6~8米，站立时至头高3.6米，有一辆公共汽车那么长，体重达680千克左右。板龙的小脑袋长在长长的脖子上，其后是较长的背部和尾巴，这种匀称的体形是原蜥脚类恐龙的特征。它的骨盆被固定在巨大而粗壮的后肢上，是蜥臀类恐龙的典型特征。它的前后肢都有五指（趾），第五指（趾）都已退化。前肢第一指上有大爪，能帮助它在陆地上行走。而后肢的第四、第五趾较小，走路时无法承担更多的重量。板龙个头虽大，但与侏罗纪时的大型植食性恐龙相比，也只能算是个小个子。

64 板龙的牙齿不擅咀嚼，那它为什么还能很好地消化食物？

板龙的嘴很小，也就是说上下颌很小。它们的颌骨上长有许多树叶状的小牙齿，这些牙齿又扁又平，只是边缘有一些小锯齿，可以很好地用来撕咬植物，却无法有效地咀嚼进入口中的食物。为了消化足够的食物，满足如此大的身体的营养和能量需求，板龙与许多素食的鸟类一样，依靠嗉囊来消化大量的食物。板龙的嗉囊比一个篮球还要大。而且，板龙还常常吞下石头，把它们储存在嗉囊中，石头像碾子那样滚动研磨，把食物碾碎成糊状。

65 板龙为什么会发生集体死亡？

由于板龙骨架经常是被成群发现的，所以许多科学家推测，这种动物是结成小群生活的，就像现代的河马和大象那样。他们还推测，身体硕大的板龙由于体温升高时散热不易，因此常常会在旱季缺乏食物时集体迁往海边。由于必须横越沙漠，忍受酷暑和口渴，所以它们在中途迷路时常会发生集体死亡的悲惨事件。

66 黑水龙化石的发现有什么重要意义？

巴西古生物学家在巴西南部的三叠纪晚期地层里发现了距今 2.25 亿年的一种新的植食性恐龙，并根据它的发现地将它命名为黑水龙。黑水龙属于植食性的原蜥脚类恐龙，与在德国发现的生活在 2.1 亿年前的板龙是近亲。这一发现表明，在三叠纪时期，动物群可轻易地在各个大陆上迁徙，从而间接证明了泛大陆的存在。

67 槽齿龙的名称是如何得来的？

槽齿龙是植食性恐龙，出现于三叠纪晚期，生活在侏罗纪早期。它的牙齿呈匙状，位于齿槽内，且有锯齿状边缘。这也是"槽齿龙"这一名称的由来。它们的齿骨长度不到下颌长度的一半，下颌前端稍微往下弯。与后来的近蜥龙相比，槽齿龙有较多的牙齿，头部较长、较狭窄。

⁶⁸ 鼠龙是最小的恐龙吗？

已知最小的一具恐龙骨骼化石属于一只鼠龙，体长只有20厘米，仅用两只手掌就可以捧起。但根据化石可推断出，这只鼠龙只是一只尚未长大的幼崽，因为它的眼睛和双脚相对于身体来说太大了，而这不会出现在成年鼠龙身上。另外，它的骨骼之间还没有完全愈合。鼠龙是一种生活在三叠纪晚期（或侏罗纪早期）的植食性恐龙。据估计，一只成年的鼠龙体长可以达到3米，算不上最小的恐龙。

| 幼年鼠龙的化石

⁶⁹ 为什么说雷前龙是最古老的蜥脚类恐龙？

雷前龙生活于三叠纪晚期的非洲南部，是所在时代最庞大的陆地生物，身长10米，重达1.769吨。它有几种特征使它接近于蜥脚类，但仍然具有原始特征。比起之前细小的祖先，雷前龙身材高大，但不如后来的蜥脚类恐龙那么大。雷前龙前肢与后肢的比例较其他早期生物的大，而且手腕骨阔且厚，用来支撑重量，但拇指仍可扭曲，且非常灵活，能与手掌配合抓东西。而更为进化的蜥脚类恐龙，手腕骨都是大而厚的，手掌永久向下，用以支撑身体，且不能抓东西。由此科学家判断，雷前龙是迄今发现的最古老的蜥脚类恐龙。

70 恐龙王国在何时达到了鼎盛？

侏罗纪是恐龙王国的鼎盛时期，始于 2.01 亿年前，终止于 1.45 亿年前。这个时期，全球各地的气候比较一致，都变得温暖潮湿。大陆板块之间的海洋产生了湿润的风，为内陆的沙漠带来了大量的雨水。陆地潮湿的气候使植物的生长速度更快，植食性恐龙更容易找到食物，所以它们迅速发展壮大起来。与此同时，新的恐龙种群出现，恐龙王国空前繁盛起来。

71 侏罗纪时期的植物能满足众多植食性恐龙的需求吗？

侏罗纪时期，整个地球温暖湿润，各种各样的植物迅速地生长起来。低矮的蕨类植物长成茂密的灌木丛，各种各样的裸子植物在地球上随处可见，其中苏铁类和银杏类植物尤其繁盛，乔木和灌木混杂生长，以前的沙漠也长出了茂盛的植物，整个地球变成了一个绿色公园。这些郁郁葱葱的植物为数量众多的植食性恐龙及其他动物提供了充足的食物。

| 蕨类植物

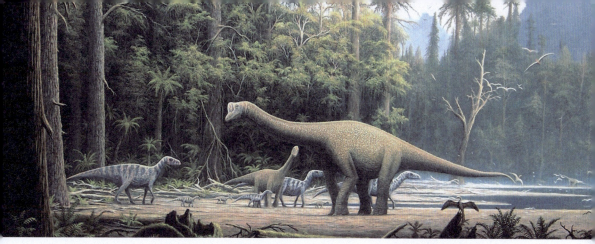

⁷² 侏罗纪时期与恐龙相伴而生的动物有哪些？

　　侏罗纪是爬行动物大繁盛的时期，恐龙只是其中一大群生活在陆地上的特殊爬行类，并非当时地球上唯一的动物。在恐龙成为陆地上的霸主的时候，海洋中还出现了蛇颈龙和薄片龙等几类新的海洋动物，而最早飞向天空的翼龙到侏罗纪时期也取得了空中霸权。此外，哺乳动物在侏罗纪时期也出现了。

⁷³ 侏罗纪时期的恐龙具有什么样的特征？

　　侏罗纪时期，恐龙的体形开始呈多样化发展，特别是蜥脚类进化很快，成为一批体形巨大、骨盆宽大、四肢粗壮如柱的大块头恐龙。它们都是植食性恐龙，拥有长长的脖颈，可以轻易取食高树上的枝叶。为了对付这些巨无霸级的恐龙，侏罗纪时期的肉食性恐龙便拥有了硕大沉重的头颅、强劲有力的颈部、利刃一般的牙齿和锋利无比的尖爪。与此同时，鸟臀类恐龙开始兴起，它们的形体构造有些特化，出现了骨板、护甲。

74 合踝龙就是腔骨龙吗？

　　合踝龙化石是在津巴布韦发现的，这种恐龙生活在侏罗纪早期，是一种兽脚类肉食性恐龙。它的身体纤细，骨骼中空，所以体重很轻，还不到 20 千克。合踝龙的外形与特征和发现于美国西南部的腔骨龙相似，小腿细长，就像现在仙鹤的一样。因此，曾有一些科学家认为，它和腔骨龙是同一个物种。事实上，它们之间是有区别的，合踝龙的脚踝骨是并合或连接在一起的，这点与腔骨龙完全不同。

| 合踝龙

75 第一种被记录的南极洲恐龙叫什么？

在侏罗纪早期，南极洲并非像今天这样寒冷，它在地球上的位置更加靠北，气候温暖湿润。冰脊龙是侏罗纪时期生活在南极洲的一种肉食性恐龙，也是第一种被记录的南极洲恐龙。1991年夏天，美国科学家哈墨博士和他的同事们在距离南极点400千米的科克帕特里克山进行考察时，在地下发现了它的化石。这种食肉恐龙的头上长了一个与众不同的头冠，于是科学家将这种恐龙命名为冰脊龙，意为"拥有冰冻头冠的恐龙"，又称冻角龙。也有人称它为"鸡冠龙"。此外，它还有一个别名叫"埃尔维斯龙"，因为它的头冠看起来很像美国著名歌星猫王埃尔维斯·普雷斯利的发型。

76 冰脊龙的头冠有什么作用？

冰脊龙的眼睛上方有一个弯曲并向前突出的头冠。这个奇怪的头冠横在头颅上，冠的两侧各有两个小角椎。由于头冠很薄，科学家推测头冠应该不具有防御的功能，很可能是用来展示并吸引异性的。科学家还推测，头冠上可能长满了血管和神经，一旦充血，颜色会更加鲜艳。

| 冰脊龙的头冠

77 冰脊龙与双脊龙谁才是侏罗纪早期的王者？

冰脊龙和双脊龙都是生活在侏罗纪早期的大型食肉恐龙，且特征相近。如果从地域分布特点来分析，冰脊龙只分布在南极洲等少数地区，双脊龙则活跃在各个大陆上，甚至包括南极洲。这样说来，双脊龙才应该是当时陆上最活跃的权威王者。但如果论个头和威猛程度，王者之称就得归冰脊龙莫属。冰脊龙体长可以达到 8 米，比世界上最大的双脊龙还要长 1.5 米。它俩要是打起来，双脊龙肯定吃亏，因此我们可以推断说冰脊龙更厉害一些，是王者级的杀手。

78 双脊龙长得很艳丽吗？

双脊龙因为头顶上长有一对薄薄的 V 字形头冠而得名。科学家推测，这对头冠的色彩分外艳丽，很有可能是用来吓阻敌人或吸引配偶的。与此同时，科学家还认为，它身体的其他部分可能也有着明亮的颜色，以更好地配合肉冠发出的信息。喉部的垂肉可能和现代的蜥蜴一样颜色亮丽，也是整个颜色秀的一部分。

｜双脊龙

⁷⁹ 双脊龙会喷射毒液吗？

双脊龙曾在 1993 年的电影《侏罗纪公园》中出现过。影片中，双脊龙形象怪诞，颈部拥有可收缩的皱褶，类似褶伞蜥，而且能射出致盲毒液，使猎物失明并且瘫痪，类似喷毒的眼镜蛇。事实上，并没有证据显示双脊龙会喷射毒液，这仅仅是编剧的个人想象而已。

｜ 双脊龙的骨骼化石

⁸⁰ 与后期的食肉恐龙相比，双脊龙为什么行动特别灵活？

双脊龙前肢短小，后肢发达，善于奔跑。它的牙齿比较长，而且嘴部的前端特别狭窄，柔软灵活，能够把石缝中那些细小的蜥蜴或其他小型动物衔出来吃掉。与后来的大型食肉恐龙相比，双脊龙的身体显得比较"苗条"，所以它行动起来更敏捷灵活一些。

81 单脊龙的头冠有什么特别的用处吗？

单脊龙是一种发现于中国的中等体形的侏罗纪晚期肉食性恐龙。它的冠由两片连在一块的头骨向上生长而成。这两片头骨间的气缝和管道同鼻孔相通，可能用来放大喉咙里发出的嘟囔声和吼声。这样它的冠就可以同时起到用声音和外观来交流的双重作用。

| 单脊龙

82 角鼻龙头上一共长了几只角？

在侏罗纪晚期，角鼻龙是最为凶猛的恐龙之一，生活在北美洲以及东非的坦桑尼亚，体长可达 6 米。角鼻龙有一个沉重的大脑袋，鼻子上长有一只角，眼睛上方另长有一对角，共计三只角。另外，从脑后背脊直到尾部，还生有小锯齿状的棘突。

| 角鼻龙

角鼻龙是中等体形的
肉食性恐龙。

⁸³ 为什么说角鼻龙的角很独特？

不论现在的肉食性哺乳动物还是史前时代的肉食性恐龙，它们身上都很少有"角"存在，而凶猛的角鼻龙竟然在鼻子上方长有可以防御用的尖角，这不能不说是非常特殊。它那沉重的脑袋说明它们可能利用头部撞击对方来进行打斗。但角的质地很轻，作为武器应该发挥不了多大作用。因此，有研究者认为，角可能仅仅是用来装饰的，或者只有雄兽拥有这些角，用以讨配偶的欢心。

⁸⁴ 原角鼻龙是角鼻龙的祖先吗？

原角鼻龙是一种中等体形的兽脚类恐龙，生存于侏罗纪中期的英格兰，身长 3 米，体重约 100 千克。原角鼻龙起初被认为是角鼻龙的祖先，因为其口鼻部上有类似的小型突起物，但目前它被确认为是已知最早的虚骨龙类之一，可能与嗜鸟龙、暴龙类的祖先有亲缘关系，而并非角鼻龙的祖先。

85 第一个被命名的恐龙化石源自侏罗纪时期吗？

1818 年，牛津大学的地质学教授威廉·巴克兰得到了一小堆骨头化石，它们是在牛津附近的一个小采石村斯通菲尔德发现的。这些化石中有一块带有匕首状长牙齿的颌骨，还有一些肢骨、肋骨和脊柱。1824 年，巴克兰根据这些化石公开命名了这种已灭绝的巨大爬行动物——巨齿龙。巨齿龙生活于侏罗纪中期，是世界上第一个被命名的恐龙。从那以后，有 25 只恐龙被命名为巨齿龙。其实，这个名称被安在了许多不能清楚鉴别身份的兽脚类恐龙身上。

86 美扭椎龙为什么会被误认为是巨齿龙？

长期以来，在英国或欧洲发现的任何肉食性恐龙的化石，都被冠以"巨齿龙"的称号，因为当时这些地区的人们仅知道一种大型肉食性恐龙，它就是巨齿龙。其实，这是一个错误，很多种类之间根本毫无关联。直到现在，这些曾经被混为一谈的恐龙才被分门别类重新命名。生活于侏罗纪中期英格兰南部的美扭椎龙，就曾经一度被人误认为是巨齿龙，后来科学家才给它取了一个新名字——美扭椎龙，意思是这种恐龙有着美丽的良好的扭转的脊椎。

这是英国牛津大学博物馆里收藏的一具接近完整的美扭椎龙的骨骼化石，它曾经被误认为是巨齿龙。

⁸⁷ 为什么说巨齿龙是可怕的猎手?

巨齿龙是生活在侏罗纪中晚期的大型肉食性恐龙,比两只犀牛还要长。它的大嘴里长满大而尖的牙齿,每一颗牙齿和当时哺乳动物的整个颌部一样大。这些牙齿是弯曲的,边缘呈锯齿状,齿根长在颌骨深处,这样即使最激烈的撕咬争斗,牙齿也不会松动。温和的植食性恐龙根本不是饥饿的巨齿龙的对手。除了可怕的大嘴外,巨齿龙的前肢和后肢上还有厉害的武器——长长的利爪。爪用来撕开猎物坚韧的皮,然后把皮下的肉撕碎。

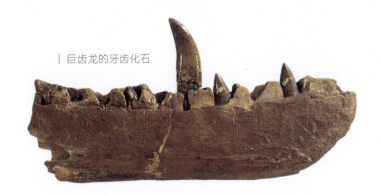

| 巨齿龙的牙齿化石

⁸⁸ 巨齿龙的形象为什么被塑造得那么凶恶?

由于发现的化石残骸过于稀少,我们对于巨齿龙的长相至今仍没有一个明晰的概念。和所有肉食性恐龙一样,它肯定是利用后肢直立行走,头部突出,由一条沉重的尾巴来保持身体平衡。由于对它的认识仅限于它的下颌骨、牙齿和一些其他的碎骨,因此人们无法确知这种动物究竟长什么样,所以最初将它塑造成了一个长着四条粗腿、貌似传说中的恶龙的形象。

89 嗜鸟龙特别喜欢猎食鸟类吗？

从名字上判断，嗜鸟龙应该是以猎食鸟类为生的，但实际上没人能确认它是否可以捕捉到鸟。嗜鸟龙是生活在侏罗纪晚期的一种小型兽脚类恐龙，身形小巧，只有小型矮脚马那么大。它的后肢像鸵鸟腿一样强韧有力，而且还很长，所以能跑得很快；前肢较短，可以抓握东西，许多躲在岩缝中的蜥蜴、草丛中的小型哺乳类动物以及小恐龙，都逃不出它的利爪。有些专家认为它会捕鸟，但这仍有待考证。不过，它的牙齿又长又尖，像把短剑，这点可以证明它是肉食性恐龙。

90 美颌龙那么小为什么却是肉食性恐龙？

美颌龙曾一度被认为是最小的一种恐龙，生活在侏罗纪晚期的欧洲。尽管它的身长有 90 厘米，但脖子和尾巴占据了绝大部分。它的重量估计仅有 2 千克，跟一只鸡无异。美颌龙具有像鸟类一样细长的身体、狭窄的头。令人惊奇的是，细小的美颌龙却是其生活地区内最大的肉食性恐龙之一，它们成群捕食猎物，能够攻击比自己大得多的动物。

| 正准备捕食的美颌龙

91 异特龙为什么能在侏罗纪晚期称霸？

侏罗纪晚期，最令各种动物恐惧的可能要数异特龙了。异特龙的化石在非洲的坦桑尼亚，以及美国西部从与加拿大接壤的边境延伸至新墨西哥州的莫里逊岩石组里均有发现。通过对骨架的骨骼分布情况以及肌肉位置的观察，科学家绘制出了血肉丰满的异特龙的形象：腿部的肌肉令它能以30千米的时速奔跑，不算特别快，但足以追赶上当时动作缓慢的植食性恐龙；颈部的肌肉非常发达，以便控制硕大的头部和强有力的颌；上下颌不仅能张得很大，而且还能弯曲，以便咬住大块食物；还有弯曲的爪子和有力的尾巴，用以横扫胆敢向它进犯的敌人。凭着这一系列的优势，异特龙所向披靡，逐渐成为当时不可一世的霸主。

血肉丰满的
异特龙形象

92 异特龙的巨嘴为什么那么可怕？

一个典型的异特龙头骨大约有 1 米长。它的嘴里长着 70 多颗弯曲而尖锐的锯齿状牙，有一些长达 8 厘米，这些利齿是撕咬大型植食性恐龙的理想工具；上下颌间的关节使得嘴部能自由地上下活动，以更好地衔住食物；下颌像装了铰链一样可以向两侧扩张，这样便于吞下大块的肉。

异特龙的头骨

93 异特龙是如何捕食的？

异特龙的每只前肢都有三个爪子，其中一个爪子长达 25 厘米，比其他两个爪子要大很多。它前肢第一根指上的关节使得这个巨大的爪子可以往里弯曲。异特龙的捕食方式可能是先用利爪抓住猎物将其杀死，之后再撕咬开猎物。它的爪子能张得很开，足以抓住一个成年人的脑袋！一旦异特龙吃饱离开，像角鼻龙这样小一些的肉食性恐龙就会蜂拥而上，争食剩下的残羹冷炙。

捕食中的异特龙

94 异特龙眼睛上部的小角是做什么用的？

异特龙的眼睛上方拥有一对角冠，由延伸的泪骨所构成。角冠的形状与大小因个体的不同而有所差异。鼻骨的上方也有一对低矮的棱脊，它沿着鼻骨连接到眼睛上的角冠。这些角冠可能覆盖着角质，并具有不同的功能，例如，替眼睛遮蔽阳光，或为展示物，或用于打斗。另外，异特龙的头颅骨后上方也有一个棱脊，可供肌肉附着，这一特征也可见于暴龙类恐龙中。

95 为什么异特龙与后来的霸王龙长得如此相像？

异特龙与霸王龙长得的确有些相像，但细看还是能看出不同。就体形而言，异特龙虽然比霸王龙略小一号，但是和霸王龙比起来，异特龙具有比霸王龙粗大且更适合于猎杀植食性恐龙的强壮前肢。虽然异特龙和霸王龙都是凶猛无比的猎食者，但它们生活的时代却相距很远。异特龙活跃于侏罗纪晚期至白垩纪早期，而霸王龙几乎到白垩纪晚期才出现。

| 异特龙化石

五彩冠龙

96 五彩冠龙长什么样？

五彩冠龙的化石发现于中国新疆准噶尔盆地内的五彩湾处。它是生活于侏罗纪晚期的兽脚类恐龙，拥有巨头、长颈，生有一对翅膀似的前肢，浑身长满羽毛，看上去既像恐龙又像鸟类，还长有锋利的牙齿。尤为引人注目的是，它的头上还长着一个红色冠状物，令人联想到公鸡头上的鸡冠。

97 为什么说五彩冠龙的头冠非常特别？

五彩冠龙顶上的骨质头冠极为艳丽，但它大而脆弱，且充满空腔，因此研究人员推测，它没有争斗等实用功能，而很可能相当于现代脊椎动物中一些经典夸张的装饰性特征，比如孔雀的尾巴等，这些都是用来吸引伴侣或炫耀地位的。这一骨质冠与现代许多鸟类头部的求偶标志具有相似性，也是鸟类与兽脚类恐龙起源于同一祖先的证据之一。

98 为什么说五彩冠龙是暴龙类恐龙最早的亲戚？

五彩冠龙是原始暴龙类恐龙，比帝龙（早期暴龙）足足早了3000万年。化石证据显示，五彩冠龙只有大约3米长，站立起来也不到1米，和白垩纪晚期长10米以上、高4米以上的暴龙类恐龙完全不能相比。但它的形貌却与暴龙类恐龙非常相似，也拥有强壮的后肢、类似鸟一般的头部和锐利的牙齿。这表明它是一种凶猛的肉食性恐龙。专家认为，五彩冠龙的发现支持了暴龙类恐龙等肉食性兽脚类恐龙在进化过程中逐渐巨型化的假说。

五彩冠龙的头骨化石

99 恐龙王国中哪类恐龙享有"巨无霸"的称呼？

蜥脚类恐龙是蜥臀类恐龙中的又一大类。与兽脚类恐龙不同，它们全都是植食性动物。如果你已为早期板龙那些原蜥脚类的大体形恐龙而感到吃惊的话，那么当你面对蜥脚类恐龙中众多的"巨无霸"时，一定会大为震撼。这类动物中有的曾达到了体长40米、体重100吨的超大体形，是地球上曾经生活过的最大的动物。像梁龙、迷惑龙、腕龙、圆顶龙、马门溪龙等，都是大家所熟悉的蜥脚类恐龙。

100 蜥脚类恐龙生活在什么样的环境下?

过去，人们曾经以为蜥脚类恐龙因为体重过于庞大而不可能长时间待在陆地上，推测它们应该浮在深水中，以此来支持巨大的身躯。然而，根据现今发现的足迹化石可推测出，蜥脚类恐龙其实是成群地生活在干燥的陆地上的，而且足印有大有小，说明很可能是不同的蜥脚类恐龙群居在一起。

101 为什么蜥脚类恐龙能够生存那么长的时间?

蜥脚类恐龙可以说是地球生命演化史上最成功的生物种类之一，它们大约从侏罗纪早期开始出现，到侏罗纪晚期发展到顶点，并一直生存到了白垩纪末。由于侏罗纪时期地球的气候和环境变得越来越舒适，特别是侏罗纪晚期，有一段很长的气候稳定期，气候暖和，食物充足，所以这些恐龙可以生长得极为庞大。到了白垩纪，植被开始变化，大陆开始漂移，气候发生变化，有些恐龙物种变得繁盛起来。随着全新的植食性恐龙进化出现，蜥脚类恐龙开始慢慢消亡了。在新恐龙无法到达的被分离开的大陆上，或是个别旧的植被依然茂盛的地方，一些蜥脚类恐龙仍在繁衍生息。尽管新的恐龙物种已经遍布各地，但直到恐龙时代终结前，仍有蜥脚类恐龙生存。

102 蜥脚类恐龙具有哪些特征？

蜥脚类恐龙的模样最像蜥蜴，四足行走，个头庞大，长颈长尾，脑袋小得出奇，但四只脚一直保持了五趾型结构。如果仔细观察的话，还可以将它们分成好几类：一类是头形低长、鼻孔位于头顶、口中的牙齿呈棒（钉）状的梁龙类，一类是头形高长适中、牙齿像勺子样的圆顶龙类。这两类恐龙除头上的差异之外，前者的脖子更长，后者的脖子相对较短。可是到侏罗纪晚期，在中国大地上活跃着的蜥脚类恐龙与上述两类又有差异，它们的头骨像圆顶龙类，头后的骨骼却更像梁龙类，而且脖颈比梁龙类还要发达得多，有的脖子几乎占了身体全长的一半，所以自成一类，被称为马门溪龙类。

103 为什么蜥脚类恐龙爱吞石头？

蜥脚类恐龙小巧的头部和嘴巴不是用来咀嚼的。为了更好地消化食物，蜥脚类恐龙会吞下一些石头，这样在植物经过体内时，可以利用石头来磨碎它们。

人们之所以了解这一点，是因为在许多蜥脚类恐龙的骨骼遗骸里发现了胃石。如今很多植食性的鸟类也有吞小石头助消化的习惯。

| 在蜥脚类恐龙化石中发现的胃石

53

104 蜥脚类恐龙是如何进行防御的？

　　蜥脚类恐龙都是植食性的，因而很可能会成为大型肉食性恐龙的猎食对象。就像今天的老虎几乎不会打成年大象的主意一样，在侏罗纪时代，蜥脚类恐龙里体形最大的个体应该也不会受到肉食者的骚扰，但是年幼或是患病的蜥脚类恐龙可能会常常受到威胁。当然，如果遇上进犯者，蜥脚类恐龙可以用它们发达有力的四肢猛踢进犯者，还可以用它们的鞭状尾、锤状尾反击对方。

蜀龙是侏罗纪中期生活在中国的一种蜥脚类恐龙，它的武器可能是尾巴末端的尾棒。

梁龙用来保护自己和族群的武器是它那像鞭子一样的长尾巴。

105 最著名的蜥脚类恐龙是哪种？

蜥脚类恐龙里最为著名的是梁龙。它们体长可达 27 米，是侏罗纪晚期在北美平原和林地里出没的数种蜥脚类恐龙之一。它们颈椎的关联情况告诉我们，它们既可以俯身去啃食地面低矮的蕨类植被，在四周吃出一片片巨大的弧形空地，也可以利用臀部肌肉和尾巴保持平衡，将后肢站立起来，伸长脖子去吃高处的树叶。它们牙齿上不同的磨损痕迹证实了这一点。

106 为什么说梁龙的脖子并不灵活？

梁龙是有史以来陆地上最长的动物之一，体长可达 27 米，比迷惑龙、腕龙都要长。但是由于头尾很长，身体很短，它的体重并不重。梁龙的身体被一串相互连接的中轴骨骼支撑着，我们称其为脊椎骨。它的脖子由 15 块脊椎骨组成，胸部和背部有 10 块，而细长的尾巴内竟有大约 70 块。由于颈椎骨数量少且坚韧，因此，梁龙的脖子并不能像蛇颈龙一般自由弯曲。

107 梁龙吃食很挑剔吗？

梁龙的头很小，牙齿只长在嘴的前部，而且很细小，像钉子一样，非常特别，和其他植食性恐龙的牙齿有很大的不同。这样的牙齿可帮助它从树枝和茎干上摘下叶子。而且，梁龙不只是大口咬下枝叶而已，它还会挑选枝叶中较嫩的部分来吃，以减轻胃部的消化负担。

108 为什么迷惑龙的成长速度那么快?

迷惑龙的骨骼横切面会有类似树木的年轮,一圈深色的年轮即代表一段缓慢的成长。迷惑龙是梁龙的近亲,通过对它们骨骼的研究,我们发现这些蜥脚类恐龙大概能维持 10 年的快速生长,这期间没有生长纹记录。当它们过了这个年龄段之后,生长得就非常缓慢了,此时它们的体形大约已经相当于完全成年时的90%。与现生大象相比,它们的成长速率十分惊人。研究者认为,这是因为年幼的恐龙并不受亲族保护,所以快速成长对它们来说就显得非常必要了。

| 迷惑龙的快速生长期

109 已知哪种恐龙的身体最长?

地震龙曾被认为有 39~52 米长,因此在当时看来,它是恐龙世界中的体长冠军。但后来科学家发现,地震龙臀部附近的一块骨头放错了,放的地方太靠近尾巴了。如果把骨头放回正确位置,地震龙就只能算是一种特别大型的梁龙,体长也缩至29~42 米。根据当前的恐龙研究结果,科学家推测,体长冠军可能是汝阳龙,但由于化石的限制,我们目前还无法准确得知究竟哪种恐龙才是真正的体长冠军。

110 圆顶龙长什么样？

圆顶龙

　　圆顶龙与梁龙等长颈恐龙的外形有所不同，它的脑袋大而厚实，鼻子是扁的，牙齿长得像勺子一样，而且当牙齿磨损坏了时，还能长出新的牙来代替原来的旧牙。它的脖子比其他蜥脚类恐龙的要短很多。它的四肢比较粗，就像树干一样稳稳地支撑起全身的重量，前肢比后肢略短，掌部都长有五个指（趾），在前肢掌部还长着一个长而弯曲的爪。靠着这对长爪，它可以赶跑攻击它的敌人，以保护自己。

111 地震龙为什么又改名了？

　　地震龙最初是以部分骨骼来命名的，这些骨骼化石是在1979年美国的新墨西哥州发现的，包含了脊椎、骨盆以及肋骨。地震龙于1991年被正式命名，学名的意思是"使大地震动的蜥蜴"。起初，它被认为是一个独立的属，但后来发现研究出了差错，应为梁龙属的一个大型种，于是在2004年被重新归到梁龙属，并改名为哈氏梁龙。

地震龙

112 圆顶龙的牙齿有什么特别之处吗？

圆顶龙的牙齿长19厘米，长得像勺子一样，且排列较密，整齐地分布在颌部。这种牙齿的强度较大，由此推断圆顶龙可能比拥有细长牙齿的梁龙类更适于吞食较为粗糙的植物，而且这两种恐龙就算居住在同一环境里，也不会争夺相同的食物。圆顶龙吃东西时并不嚼，而是将叶子整片吞下。它主要吃蕨类植物以及松树的叶子。

| 圆顶龙的头骨化石

113 与圆顶龙相比，腕龙哪里显得很特殊？

腕龙生活在侏罗纪晚期，主要分布在非洲和美洲地区，是圆顶龙类恐龙中一个特殊的成员。说它特殊，主要表现在以下几个方面：首先，它的前肢比后肢更长，脊背由前向后倾斜，这与其他所有的蜥脚类恐龙都不一样，反而有些像现代的长颈鹿；其次，腕龙的头骨虽然与圆顶龙的相似，但鼻梁朝前高高拱起，复原后的腕龙头部看上去像是多了顶"鸡冠"，显得非常特别；腕龙的脖子也相当长，不亚于梁龙类恐龙，显得较为特殊。

| 腕龙

114 腕龙的胃口有多大？

腕龙是一种巨大的植食性恐龙，体长 20~30 米，重 40~80 吨，称得上是"大块头"。为了补充庞大的身体生长和四处活动所需的能量，腕龙胃口超大，需要不停地进食大量的食物。一只大象一天能吃大约 150 千克的食物，腕龙每天大约能吃 1500 千克的食物，是大象食量的 10 倍。因为这个原因，它们需要经常成群迁移，在大草原上游荡，寻找新鲜树木。

115 已知哪种恐龙的脖子最长？

发现于中国四川宜宾马鸣溪（误读为马门溪）的马门溪龙，是目前为止已知脖子最长的动物。马门溪龙从尾巴梢到吻尖的总长度为 25 米，其中约有 14 米是它的脖子。不仅如此，它的颈椎骨数量多达 19 个，也是蜥脚类恐龙中颈椎骨数量最多的一种。要是让马门溪龙站在楼前，它的头很容易就能伸进三层楼上的房间窗户内。

| 马门溪龙的骨骼化石

116 马门溪龙的躯体为什么大而不沉？

马门溪龙有一个网球场那样长，但它的身体却很"苗条"。这是因为它的脊椎骨中有许多空洞，可以起到减重的作用。因此，相对于庞大的身躯，马门溪龙 12 吨的体重并不夸张，反而显得十分轻巧。

117 为什么短颈潘龙的脖子会那么短？

长颈是蜥脚类恐龙的一个显著特征，然而特别的是，短颈潘龙的脖子非常短，是所有蜥脚类恐龙中颈脖最短的。其实，短颈潘龙的颈椎数量与其他蜥脚类恐龙的一样多，只不过颈椎间更为紧密，使得颈脖短了很多。短颈潘龙属于梁龙形态的叉龙科成员。与梁龙相反，叉龙科成员似乎都出现了脖子进化趋短的迹象。研究者认为，与长颈"表亲"相比，短颈使它们更适应于低处取食，特别是啃食地表附近的植物，从而拥有更为广泛的食物选择，这也为它们最后演化出以特定植物为食的习性做了铺垫。

| 叉龙的骨骼化石

118 短颈潘龙长什么样？

短颈潘龙身躯庞大，但脖子很短，从外形上看一点儿也不像绝大多数蜥脚类恐龙，相反更像剑龙，只不过它的脊背上长着的不是剑龙那样的骨板，而是一道高高竖起的脊。这道脊可协同肌肉来支撑脖子。科学家猜测，它的背脊颜色鲜艳，可用来相互辨认，也可能用来求偶或驱赶竞争对手，但还不具备像剑龙骨板那样的防御功能。

119 鸟脚类恐龙是从什么时候开始兴起的？

鸟脚类恐龙是恐龙大家族中重要的一支，在三叠纪晚期开始出现，但它们当时在整个恐龙家族中并没有占据特别显赫的地位，仅有凤毛麟角的个别种。从侏罗纪时期开始，鸟脚类恐龙日渐兴盛，至白垩纪时期，就已成为鸟臀类恐龙中乃至整个恐龙大类中化石最多的一个类群。

| 鸟脚类恐龙头骨化石

120 鸟脚类恐龙具有什么样的特点？

鸟脚类恐龙由一些形态多样的植食性恐龙组成。它们用强壮的后肢奔走，臀部的腰带结构很像鸟，所以得名鸟脚类。这类恐龙的头部前端有用来进食的喙，颌骨构造高级，牙齿的变化很大，有着非常复杂的咀嚼系统。它们的体形变化也很大，从体长最小只有 1 米左右的异齿龙，到中等大小的棱齿龙，再到巨大的禽龙和鸭嘴龙，这一类恐龙显示出了多姿多彩的面貌。

121 鸟脚类恐龙为什么能够用后肢站立及奔走？

和原蜥脚类恐龙一样，蜥脚类恐龙的腰带含有一块向下和向前突出的耻骨，这意味着它们体积巨大的消化器官不得不位于臀部的前端。而鸟脚类恐龙的耻骨除了一对向前呈八字形张开的突出部分之外，其余都是往后倾斜的。这样它们的消化器官就可以位于腰带之下，和整个身体的重心点接近。如此一来，鸟脚类恐龙就可以像肉食性恐龙一样用两只后腿站立，用尾巴保持平衡。

蜥脚类恐龙　　　　　　　　　　鸟脚类恐龙

122 怎样区分鸟脚类恐龙和兽脚类恐龙？

从远处看，一只小型的鸟脚类恐龙可能很像一只小型的兽脚类恐龙，因为它们都习惯于用后肢站立及奔走，但实际上两者有很显著的区别。首先，因为要盛装植食性动物所必需的诸多消化器官的缘故，鸟脚类恐龙的躯体部分要大很多，而且鸟脚类恐龙的头部长有喙和颊囊，这都是肉食性的兽脚类恐龙所不具备的。其次，两者的前肢也不一样。鸟脚类恐龙有四到五根指，而兽脚类恐龙只有两到三根指。最后，两者身体的纹路可能也有较大的差异。鸟脚类恐龙的纹路比肉食性兽脚类恐龙的要柔和很多。

123 异齿龙是怎样吃东西的？

据科学家推测，异齿龙在吃东西的时候，先用齿一片一片啄下树叶或者茎，把食物集中在嘴里，然后一起咀嚼。咀嚼时，下颌轻微向后锉动，样子很像现代的牛羊。它们不仅吃树叶，还能够利用尖利的爪子挖掘地下多汁的植物来吃，或者挖出一些蚁巢，将那些早期的蚁类吃掉。

| 异齿龙的头骨化石

124 异齿龙为什么会长着三种不同类型的牙齿？

异齿龙是最原始的鸟脚类恐龙之一，生活在侏罗纪早期，个头很小，最多只有 1.5 米长。之所以叫它异齿龙，主要是因为它与其他恐龙不同，长有三种不同类型的牙齿，即长在颌骨前面的像哺乳动物门齿般的小牙齿，长在门齿后面像犬齿一样的长牙，以及长在颊齿部位的宽脊的牙。这样组合的牙齿只在似哺乳类爬行动物中才有发现。研究者认为，这一典型特征暗示着异齿龙正处于从肉食性向植食性演化过渡的阶段。

125 弯龙的身体是弯的吗？

弯龙是一种长有喙的鸟脚类恐龙，外形与禽龙很像，生活于侏罗纪晚期至白垩纪早期的北美洲与英国，因此常被视为禽龙类及鸭嘴龙类祖先的近亲。弯龙身体笨重，行动迟缓，前肢上的指微微有些弯曲，大腿骨也有些弯曲，再加上它时常会由后肢行走变换为四肢行走，此时身体就成了一个拱形。弯龙的学名意为"弯曲的蜥蜴"，这些特征也使它成为名副其实的"弯"龙。

| 弯龙

126 弯龙的脸颊是做什么用的？

弯龙及其亲戚都长有像我们人类一样的脸颊，这样它们在吞咽食物前，可以先将食物储存在嘴里，用牙齿一点点磨碎，然后再吞咽，这有助于消化。而对于那些长有长脖子的蜥脚类恐龙来说，虽然它们也吃植物，但它们没有脸颊，所以吃食物的时候都是不经咀嚼就直接吞到胃里，然后靠胃石来磨碎食物。

127 肢龙可能是哪些恐龙的祖先？

肢龙是生活在侏罗纪早期的原始覆盾甲龙之一，它四肢粗短，躯体滚圆，脑袋很小，身上覆盖着由小块骨钉构成的盔甲，体形和母牛相仿。在侏罗纪早期，贪吃凶暴的肉食性恐龙已无处不在，植食性恐龙得处处小心地避开它们。肢龙的身上披上了厚厚的甲板，上面还均匀地分布着一排排尖刺，这样就不容易被那些肉食者伤害了。从这一特征来看，肢龙很可能是剑龙类的祖先，也可能是甲龙类的祖先。

| 肢龙遭遇了凶猛的异特龙。

128 小盾龙是怎样进行防御的？

与肢龙一样，小盾龙也是原始的覆盾甲龙之一，生活在侏罗纪早期的北美洲大陆上。它体形小巧，全长 1.2 米，后肢比前肢长得多，尾巴特别长，是身长的 1.5 倍。它不仅灵活善跑，而且身上还覆有轻型装甲，上面并排长着几百个大头针状的骨质瘤状突起，不仅布满头颈、背部，而且延伸到尾巴上。遇到敌害袭击时，它会立即蜷起身体，使骨甲朝外，形成一个刺球，好像现代的穿山甲一样。肉食性恐龙如果要咬它，就会自讨苦吃，得到的将是满嘴的尖钉。

| 小盾龙

129 覆盾甲龙主要有哪些特征？

肢龙和小盾龙被认为是最原始的覆盾甲龙。覆盾甲龙类恐龙的特征是身上覆盖着骨质盾甲。根据盾甲类型的不同，覆盾甲龙又包括剑龙和甲龙两大类。剑龙类的盾甲是背部上的骨质盾甲或脊骨；甲龙类的盾甲更像是搭在背上的一种覆盖物，或是小片的盾甲。

130 剑龙类恐龙具有什么样的特征？

剑龙类恐龙是鸟臀类恐龙中较早分化出来的类群，个体一般只有几米长，最大者长9米、重2吨多。与躯体相比，它们都有一个较小的头，且头部低平而狭长；牙齿细弱，均以植物为食。它们用四足行走，行走时臀部拱起。不过，剑龙类最主要的特征还是身体背部从颈至尾长着两列骨板（或称骨棘），骨板沿着背中线两侧排列，叫作剑板；尾端还长有两对长长的骨棘，叫作尾刺。剑龙类的剑板和尾刺是其他恐龙所不具有的结构。

一只剑龙的死亡过程

131 剑龙类恐龙为什么会早早灭绝？

从地层分布看，剑龙类恐龙最早出现于侏罗纪早期，从原始的鸟脚类恐龙演化而来，到侏罗纪晚期达到繁盛，从白垩纪早期开始逐渐衰退并最终绝灭。剑龙类恐龙是恐龙家族中最先灭亡的一个大类群，它们的衰亡通常与显花植物的出现和新类型的植食性恐龙（如甲龙、大型鸟脚类恐龙等）的兴盛联系在一起。由此看来，不适应新的食物和在生存竞争中失利，是剑龙类恐龙迅速走向衰退直至绝灭的根本原因。

132 为什么亚洲东部被认为是剑龙类恐龙的发祥地？

剑龙类恐龙虽然分布在亚洲、北美洲、非洲、欧洲等广大地区，但是较为原始的种类都相继在我国被发现，所以亚洲东部才是它们的发祥地。在我国，迄今已发现9个不同属的10种剑龙，占世界已知总数的一半，中国因此成为剑龙类化石蕴藏最丰富的国家。特别是从四川自贡地区挖掘出的剑龙类化石，有20余具个体化石材料，其中6具为完整程度不同的头骨，具有代表性的标本首推太白华阳龙、多棘沱江龙和四川巨棘龙。

133 为什么华阳龙被认定为最原始的剑龙？

已知剑龙类恐龙里最原始的是生活在侏罗纪中期中国的华阳龙，它的体长约为4米，属于小型剑龙。华阳龙在形态上与晚期的剑龙类恐龙有明显差别。华阳龙的头颅骨较宽，嘴部前方的前上颌骨拥有牙齿，而所有晚期的剑龙类恐龙缺少这些牙齿。华阳龙的前后肢差不多一样长，而后期的剑龙类恐龙前肢明显比后肢短。华阳龙的背部也长有两排剑板，但这些剑板比后期剑龙的剑板要小。这些特点都表明，华阳龙是一种原始的剑龙。

| 华阳龙

134 为什么说剑龙是最笨的恐龙？

剑龙生活在侏罗纪晚期的北美洲地区，被认为是恐龙家族中最笨的成员。它们体形巨大，身长与非洲象差不多，但是脑袋又扁又小，其中大脑部分只有一个核桃一般大小，比狗的大脑还小。想要指挥那庞大的身躯，剑龙那小小的脑袋显然是不够用的，所以它才有了"最笨的恐龙"这个坏名声。不过，这并不影响剑龙的生活，因为剑龙专吃植物，并且性情温和，动作迟缓，既不用快速奔跑，也不用围攻猎物，所以不需要像肉食性恐龙那样大量用脑。

135 为什么人们认为剑龙有两个脑子？

剑龙的脑容量很小，古生物学家还在剑龙的骶（dǐ）骨中发现了一个脊髓的隆突，这个隆突比颅腔还要大，因此人们便猜测这是剑龙的第二个脑子。但是近年来，科学家提出，这个隆突与神经组织和结缔组织相关，是负责把大脑发出的信号传达到臀后部分的构造，根本不是什么第二个脑子。

136 剑龙背上的骨板到底是怎样排列的?

剑龙背部的骨板虽然扎根在皮肤里,但并不与骨头直接相连,这让人无法确定这些骨板究竟是怎么排列组合的。一种观点认为,骨板像一层铠甲平平地贴在剑龙的背上;另有一种观点认为,骨板是两两对称竖立着的;还有一种观点认为,骨板只竖立成一排,由单片骨板重叠在一起构成。目前最广为接受的观点是,这些骨板分两排竖立,两侧的骨板呈交叉状。根据一些科学家的说法,骨板根部的肌肉可以使剑龙在遭受攻击时把骨板朝向攻击者,起到恐吓的作用。

| 扁平状　　| 双排对称状

| 单排重叠状　| 双排交叉状

| 遭受攻击时调整骨板

137 剑龙背上的骨板有什么特殊功用吗?

一些科学家认为,剑龙背部的骨板覆盖有角质层,从而成为起防御作用的装甲。另外一些科学家则认为,这些骨板表面覆盖的是皮肤,作用是调节体温。在天气较冷时,将这些骨板收起,来保持体温;天气较热时则把骨板张开,朝向有风的一面,可以给身体降温。还有科学家提出,骨板是剑龙的变色板,其表面可能有一层皮膜,可以变换出适应生态环境的各种保护色,以防被肉食者发现。究竟孰是孰非,目前还很难下定论。

138 剑龙是怎样进行自我防卫的？

作为植食性恐龙，剑龙不免会遭到异特龙等肉食性恐龙的攻击，但是异特龙也不是轻易就能得手的。这是因为，剑龙尾巴末端长有 4 根长达 1 米的尾刺，就好像 4 把长剑，对敌人很有威慑力。双方搏斗时，只要敌人稍不留意，剑龙就会甩动尾巴，把"利剑"刺入对方身体内。

| 剑龙的尾刺

139 侏罗纪晚期以来，较典型的剑龙类恐龙有哪些？

除剑龙外，还有生活于侏罗纪晚期欧洲的锐龙，它们的肩部和背部长有低矮的圆形剑板，整条尾巴上竖着高高的尾刺。发现于中国沱江流域的沱江龙，从脖子、背脊到尾部生长着 15 对三角形的剑板，但比剑龙的剑板更为尖利。来自非洲的钉状龙，身体重心靠近臀部，因此和一些蜥脚类恐龙一样，可以用后肢站立起来啃食高处的植物。来自白垩纪早期中国的乌尔禾龙，体形和剑龙一样大，背部的剑板宽大而低矮。

钉状龙　　　　乌尔禾龙

锐龙

| 典型的剑龙类恐龙

140 与剑龙相比，钉状龙的外形有哪些特殊的地方？

钉状龙与剑龙生活在同一年代，但它的大小仅是剑龙的四分之一。与剑龙相比，它不光个子小，背上的骨板也不太一样，前部的骨板较宽，而从中部向后至尾部，骨板逐渐变窄、变尖，好似一根根尖刺。另外，在双肩两侧，钉状龙还额外长着一对剑龙所没有的向下的利刺。钉状龙很可能用这些钉子状的骨板作为防身武器。

🦖 白垩纪时的恐龙之谜

141 白垩纪时期地球的环境如何？

白垩纪始于 1.45 亿年前，结束于 6600 万年前。白垩纪是整个地质年代中地球海洋面积最为广阔的一个时期，到该纪的末期，海洋开始缩小，陆地开始上升，造山运动兴起。这一时期，地球温暖湿润，雨量充沛，极地没有覆上冰盖，大量的植物茂盛地生长起来。恐龙因为有了足够的食物，数量和种类开始迅速增长。

142 白垩纪时期，地球上主要生活着哪些恐龙？

到白垩纪时，许多侏罗纪时期的恐龙都灭绝了，新的恐龙开始进化，而且在种类和数量上都达到繁盛。在蜥脚类恐龙中，只有极龙仍是一个主要的种群，其他种群都丧失了统治地位。兽脚类恐龙在白垩纪时期却经历了一个消亡又崛起的过程，到白垩纪晚期出现了一些更庞大的种群，如暴龙类、盗龙类。而对鸟脚类恐龙来说，白垩纪正是它们大发展的好时段，禽龙类和鸭嘴龙类崛起。除此之外，甲龙类、角龙类以及肿头龙类也在白垩纪末期得到蓬勃发展。

| 白垩纪时期的巨型杀手——暴龙

143 为什么白垩纪时蜥脚类恐龙锐减而鸟脚类恐龙繁盛？

侏罗纪末期和白垩纪初期，大部分地区的蜥脚类恐龙大规模灭绝。有些科学家认为，蜥脚类恐龙最初以普遍的植物（裸子植物、蕨类植物）为食，后来转变为以被子植物为食，这种饮食变化导致了它们大规模的灭绝。鸟脚类恐龙生有多排牙齿，它们似乎比蜥脚类恐龙更善于用牙齿咀嚼新生植物，而且当上牙床的牙齿磨损后，新的牙齿很快就会长出来替换旧的牙齿，因此它们更能适应环境，从而繁盛起来。

144 禽龙是怎样得名的?

最早的禽龙遗骸——包括一些牙齿和部分骨骼,是在 1822 年由英国乡村医生吉迪恩·曼特尔和他的妻子在肯特发现的,发现时间和巨齿龙化石差不多,属于最早发现的一批恐龙之一。通过化石可推断出,它们来自一种体积庞大的植食性爬行动物。那时还没有多少人对现代植食性爬行动物有所了解,所以这种动物引起了广泛关注。当时,科学家们正在研究南美洲的一种植食性蜥蜴——鬣(liè)蜥,鬣蜥的牙齿与这种动物的牙齿化石非常类似,于是科学家给这种动物取名为禽龙,意即"鬣蜥齿"。

| 禽龙的牙齿化石

145 为什么禽龙分布特别广泛?

禽龙是由原始的鸟脚类恐龙进化而来的,在体形上与弯龙极为相似,所以又被称作"放大了的弯龙"。它们体形庞大,身长 5~10 米,属于大型恐龙。在白垩纪早期,禽龙极为繁盛,它们集体行动,活动范围很广,从美国、欧洲到蒙古都有发现。禽龙之所以如此繁盛,得益于它们拥有强大的咀嚼本领。禽龙在把食物吞下去以前,能用牙齿将食物嚼得很烂,从而大大增强了消化食物的能力。因此,它们的食物来源广泛,能在各个大陆上生存,从而成为当时分布最广泛的恐龙。

146 禽龙是如何吃食物的？

禽龙喜欢吃马尾草、蕨类等植物，它们可能把大部分时间都花在了寻找和咀嚼食物上。由于禽龙上下颌的前部没有牙齿，因此它们先用骨质的喙咬下叶片，然后再用后部那些与现代鬣蜥相似的颊齿，大约 100 颗，以不寻常的滑动动作将食物碾碎。

147 禽龙靠什么进行自卫？

禽龙的前肢较短，但坚实有力。前肢上有 5 根指，其中拇指很大，好像一根尖利的"钉子"，呈圆锥状，与其他 4 指成直角。这根拇指就是它最有力的自卫武器。当遇到敌人的时候，它将这颗"大尖钉"迅速地插入敌人体内，圆锥形的外形使"大尖钉"能很快拔出，然后换个地方继续狠刺。如果进攻者不想被扎得千疮百孔，就只能放弃猎物逃跑。

| 禽龙

¹⁴⁸禽龙能直立行走吗？

科学家曾以为禽龙与其他鸟脚类恐龙一样是直立行走的，休息时就靠坐在尾巴上，像袋鼠一样。但进一步的研究证实，禽龙绝大多数时候是以四肢缓慢行走的，只有当格斗、奔跑、取食或观察周围动静时才用双足站立。禽龙的身体上有坚固的像网一样的构造物，既能帮助支持身体的前部，也能使沉重的尾巴保持在水平位置上。当禽龙依靠强有力的后肢行走时，尾巴能帮助平衡头和身体。

¹⁴⁹禽龙家族有哪些成员？

从禽龙被发现的那天起，科学家们就陆续发现了它的许多近亲。澳大利亚的马塔巴拉龙体形稍小，鼻子上有一条高耸的鼻梁；美国的腱龙则有一条特别长的尾巴。所有这些家族成员都生活在白垩纪。

| 禽龙及其近亲

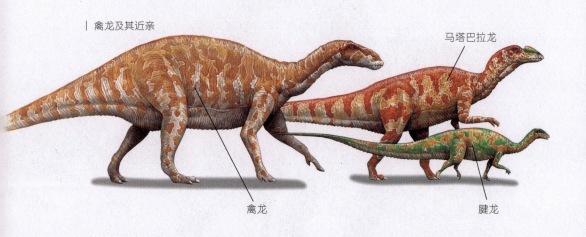

马塔巴拉龙

禽龙

腱龙

150 马塔巴拉龙的鼻子有什么特别之处吗？

马塔巴拉龙是一种生活在白垩纪早期的禽龙，在澳大利亚昆士兰省马塔巴拉镇的岩层中被发现。它最大的特征是有一个加大的、中空的、会向上鼓起的口鼻部，这一结构与鸭嘴兽很相像。由于鸭嘴兽鼻子的这一结构是用于发声和吸引异性的，因此许多人认为马塔巴拉龙的鼻子亦具有类似的功能。

151 豪勇龙为什么长着栅栏状的棘刺？

豪勇龙是一种禽龙，它的背部长有一排高高的栅栏状棘刺，可能是用来撑起背帆的。豪勇龙生活在白垩纪时期的北非，当时那里的气候炎热而干燥，这样一面背帆可以把血管露在温暖的太阳或是凉爽的微风中，以此来调节体温。与豪勇龙同时代同地区生存的一种肉食性恐龙——棘龙，也长有相似的背帆。另一种理论则认为，豪勇龙的这些棘刺支撑的不是一面背帆，而是像现代的骆驼一样，支撑着一个多脂的驼峰。

| 豪勇龙

152 鸭嘴龙为什么会崛起？

在白垩纪晚期，一类新的鸟脚类恐龙——鸭嘴龙从禽龙里进化出来。此时地球上的植被正在发生变化，原始森林开始被更加现代的树林所取代，里面生长着橡树、榉树和其他诸多阔叶树，另外还有丛生的针叶林和开花的草本植物。这类新的恐龙族群以这些植物为食，因此它们广泛分布并活跃在横贯欧亚和北美的阔叶林里。它们有着上千颗用来研磨食物的牙齿，嘴部的前端长着一个宽大的喙。这些恐龙在重要性上逐渐取代了蜥脚类恐龙。

图为白垩纪晚期的海陆分布，其中红色区为鸭嘴龙的分布区。

153 鸭嘴龙类恐龙具有什么样的典型特征？

鸭嘴龙类恐龙最主要的特征是，头骨的前部和下颌骨向前延伸，形成了扁而阔的嘴，在嘴的前面有角质的喙，与鸭子的嘴十分相似。它们的前肢短小，后肢粗壮，主要靠后肢行走。身后还有一条粗大的尾巴，站立时尾巴拖在地上，正好与后肢形成支撑身体的"三脚架"。头骨较高，眼睛的位置靠后，视力很好，能对肉食性恐龙保持高度的戒备。

154 鸭嘴龙家族都有哪些成员？

鸭嘴龙类最大的特点是，它们的头骨特化。它们之中有一些头上是平平的，没有什么特别的装饰，有一些则长着冠状的突起。根据头冠的特点，鸭嘴龙可分为两大类群：一类是头顶光平、头骨构造正常的平头类；另一类是头上有各种形状的棘或棒型突起，鼻骨或额骨变化较多的栉龙类，如副栉龙等。除此以外，还有变化不大、较原始的鸭嘴龙，以及前颌骨和鼻骨特化成盔状的鸭嘴龙，如冠龙（也叫盔龙）。

155 鸭嘴龙类恐龙的头冠有什么用？

许多鸭嘴龙都长有一个精致的头冠。这些头冠大多是由与鼻孔相通的中空的骨头构成，由鼻孔进入的空气要先在里面绕一圈，再进入气管和肺部，因此头冠很可能是用来发出声音的，以便在致密的丛林里互相交流。不同种类的鸭嘴龙有着自己特有的头冠，我们可以据此清楚地辨别它们的种类。有一些头部扁平或者头冠很坚固的鸭嘴龙，可能顶着一张可以膨胀收缩的皮质组织，该组织能够像青蛙的气囊一样发出声音。

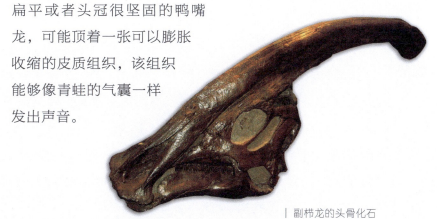

| 副栉龙的头骨化石

156 哪类恐龙的牙齿最多？

　　鸭嘴龙类恐龙是目前发现的恐龙中牙齿最多的，它们嘴部颌骨的上下左右都有牙齿，每个牙床上最多可以长500多颗牙齿，所以这类恐龙的牙齿最多可达2000多颗。这些牙齿呈棱柱形，交互排列成覆瓦状。牙齿上有像搓衣板一样的磨蚀面，旧的牙磨光了，新的牙便会长出来补充。这种结构可以加快咀嚼速度，并适应硬壳粗纤维的植物。

| 副栉龙的骨骼化石

157 哪种恐龙的叫声最大？

　　从恐龙化石的研究来看，恐龙应该具有发声的能力，其中发声最大的被认为是副栉龙。副栉龙的头冠由前上颌骨与鼻骨所构成，从头部后方延伸出去，呈钉子状，中空，内有从鼻孔到头冠尾端再绕回头后方直通头颅内部的管道。科学家通过复制副栉龙的头冠，证实头冠内的这些空腔具有显著放大和调节音量的作用，可以发出像喇叭一样响亮的声音。

158 为什么说慈母龙是"慈母"？

鸭嘴龙类恐龙的家族观念很强，成年恐龙会很好地保护它们的巢穴，并给幼龙喂食，直到它们长到能够自己出去觅食为止。其中的慈母龙是最和善的恐龙家长，它们会精心照料整个族群的后代，轮流守护恐龙蛋，避免被别的恐龙偷走。幼龙孵化出来后，它们对幼龙也照顾得非常周到，还要亲自喂养。人们在慈母龙的骨架化石坑里，经常能找到成窝的恐龙蛋化石。因为慈母龙慈祥、和善，富有母爱，所以人们称它们为"慈母"。

| 正在看护后代的慈母龙

159 白垩纪时的蜥脚类恐龙具有哪些新的特征？

到了白垩纪，许多蜥脚类恐龙都灭绝了，仅有少数存活下来，并且开始出现新的特征——不仅长有盔甲，而且其中一些还具有奇异的尖刺和褶皱。例如，白垩纪早期生活在阿根廷的阿马加龙，沿着脖子长有两排尖刺，背部还有一个高大的鳍状物，这些被视为是用来示威的装饰。

160 白垩纪时期最重的恐龙是哪种？

白垩纪时期体重最大的恐龙是阿根廷龙，它是白垩纪晚期的一种蜥脚类恐龙。关于它的化石，目前只发现了几块椎骨、一部分腰带、一点点肋骨和一根腿骨，其中腿骨有一个成年人那般高。由此我们推算，它长 30~40 米，重约 80 吨。阿根廷龙的椎骨由纤细的骨条构成，各个骨板之间存在大量的空隙。这是一种既轻便又坚固的骨骼构造，对于如此体形的庞然大物至关重要。

椎骨

| 阿根廷龙

腿骨

161 萨尔塔龙属于甲龙类还是蜥脚类？

从外形特征上看，萨尔塔龙很像是甲龙，体躯背部覆盖着巴掌大小的骨板，骨板周围是骨质小结节和脊。事实上，萨尔塔龙还是蜥脚类恐龙，因为它具有头小、颈长、尾长、四肢粗壮、身躯庞大、四肢均为五指（趾）的蜥脚类恐龙特征。相比侏罗纪时的蜥脚类恐龙，生活在白垩纪末期的萨尔塔龙体形不算大，仅有 12 米长。

162 巨龙是一类什么样的恐龙？

考古学家给予了蜥脚类恐龙中生存于白垩纪的巨型四足植食性恐龙一个"巨龙"的总称，也叫"泰坦龙"，意指这种恐龙在体形上是恐龙中的"王中之王"。虽然这种恐龙当时分布于全球各地，但是由于骨骼脆弱，难以留下化石记录，所以迄今发现的化石都非常零碎，考古学家对它们知之甚少。但随着阿根廷的萨尔塔龙、法国的葡萄园龙等巨龙化石的大量发现，考古学家才意识到，它们并非如名字那般庞大，实际体长只有 12 米左右，而且有一部分在背部还长有盔甲。有研究者认为，这些盔甲应该不是用来防御的，而是像螃蟹背上的硬壳一样，是用来加固脊柱的，使得恐龙能更好地承受自己的重量。

| 巨龙的盔甲化石

163 甲龙类恐龙为什么被称为"坦克龙"？

在形形色色的恐龙中，有一类身披甲胄的恐龙，那就是甲龙类。它们是恐龙大家族中出现较晚的类群，直到白垩纪末期才登上历史舞台。它们的四条腿很短，脖子也很短，脑袋宽宽的。它们最显著的外部特征是，全身除腹部以外均被发达的骨甲覆盖，骨甲是各式各样外侧有棱脊的骨板。有的种类在骨甲与骨甲之间还嵌有小骨，身体两侧还有成排的骨棘，简直就像全副铁甲装备的坦克。所以，甲龙类恐龙又被形象地称为"坦克龙"。

164 甲龙类恐龙为什么能够发展壮大？

甲龙类恐龙化石最早发现于欧洲侏罗纪中期的地层，而且所有侏罗纪的甲龙类化石都是在欧洲发现的。但是，甲龙类真正繁盛的时期是白垩纪。白垩纪早期，剑龙类开始走向消亡，甲龙类便占据了剑龙类让出的生活领域，并高度发展和完善了防御敌害的手段，因此能在白垩纪激烈的生存竞争中发展壮大自己的族群。

165 甲龙类恐龙有哪些防御武器？

甲龙类恐龙自始至终都是向着保守的防御方面进化发展的，它们自出现后身体变化不大，身上都披有厚重的骨质甲板，上面长有利刺。有的尾巴像根棒槌，可以像锤子一样甩出去袭击敌人。有的尾巴上长满尖如匕首的棘刺，可以很好地进行防御。甲龙们正是依靠这些严密的防范武器，才抵抗住了大部分肉食性恐龙的猎捕和进攻。

| 甲龙的尾锤化石

166 甲龙类恐龙为什么要贴近地面行走？

相比其他恐龙，甲龙类恐龙四肢短粗，体形比较低矮，全身除腹部外均披有骨质甲板。这一特点决定了它们会形成贴近地面行走的习惯，因为这样可以很好地进行自我保护，避免腹部遭到敌害的攻击。

167 结节龙与甲龙有什么异同之处？

白垩纪时生活着两类相近的甲龙类恐龙——结节龙和甲龙。结节龙最早出现在侏罗纪中期，而甲龙出现要晚一些，大概在白垩纪末期。结节龙和甲龙宽大的背部都覆盖着小块骨板，这些骨板向前一直延伸到头部，向后一直延伸到尾尖，并且上面可能还遍布着角质突出物，使得整个背部固若金汤，无懈可击。

两者不同的特征是：结节龙的肩头和身体两侧长着甲龙所没有的向外突出并上翘的坚固长刺，而甲龙的尾巴末端则长有结节龙所没有的棒状物。

| 甲龙

| 结节龙

168 加斯顿龙具有哪些原始特征？

加斯顿龙是一种早期甲龙，属于结节龙类，生活在白垩纪早期。它身上的护甲非常紧凑，在臀部之上形成坚硬的盾状防护物，肩头长着棘刺，在沿脖子到尾尖的身体两侧有一系列宽大扁平的骨质突出物。与后期的甲龙相比，加斯顿龙的盾甲结构还比较原始。

| 加斯顿龙

169 为什么厚甲龙的身形那么小巧？

并非所有的结节龙都身躯庞大，像生活在白垩纪晚期的厚甲龙就只有 2 米长，比大部分具有重甲的恐龙都小，和一只大狗差不多大。它看起来似乎是岛生动物，因为但凡在岛上生存的动物，由于食物资源有限的缘故，一般都会朝着体形变小的方向进化。

| 厚甲龙

170 埃德蒙顿甲龙为什么挑食？

相比其他甲龙，埃德蒙顿甲龙的嘴部相当狭窄，所以它可能是一个挑食者，会选择一些汁液很多的植物来吃。当在灌木丛或低矮的树丛中吃东西的时候，埃德蒙顿甲龙会用它那前方无齿的喙部把嫩树叶叼下，然后再依靠大嘴深处的颊齿把叼下来的嫩叶嚼烂。不过到了旱季，当喜爱吃的植物枯死后，埃德蒙顿甲龙不得已也会去啃食树皮或者坚韧的灌木。

171 多智龙真的很聪明吗？

多智龙是一种尾巴上长有骨锤的甲龙，生活在白垩纪晚期的亚洲地区，是该区域内已知最大的甲龙。它的学名原意是"聪明的恐龙"，之所以如此取名，可能源于它的脑容量比其他的甲龙都要大。它的头顶由球根状、多边形的鳞甲构成，颅骨长约 40 厘米、宽约 45 厘米。尽管如此，它也还不能称得上是一种智慧生物。

172 哪种甲龙连眼皮上都披着盔甲？

它就是甲龙类恐龙中最著名的包头龙。它体长约 5 米，生活在加拿大的亚伯达省，时间上比甲龙要更早一点。它的背部披着厚厚的一层护甲，头部也是如此，活像一只铁盒子。就连它的眼睑上都覆盖着一层骨甲板，这层骨甲板可以像战舰上的铁百叶窗一样，在危险来临时迅速地合上。

173 为什么说尾锤是包头龙御敌的致命武器？

包头龙的尾巴末端长着一个沉重的骨锤。为了能自如地挥动这个尾锤，它整条尾巴后半段的椎骨都愈合在一起，形成一根坚固的骨棒，就像中世纪的重头棍棒的轴柄一样。宽大的臀部和尾巴根部的肌肉使它能够有力地挥动尾锤，击打前来进犯的肉食性恐龙的腿部和腹部。这一击可以击碎骨头，甚至能让敌人因此而丧命。

174 哪类恐龙的头骨出奇的厚？

生活在白垩纪晚期的肿头龙类恐龙，以头部长着厚重的帽状骨骼而著称，其中头颅部分出奇的肿厚，由23~25厘米厚的骨板覆盖，而且隆起的部分是实心的。这种头骨略有倾斜度，看上去就像圆滑的自行车头盔。由于头骨巨大而坚硬，因此常常能够形成化石而得以保存下来。

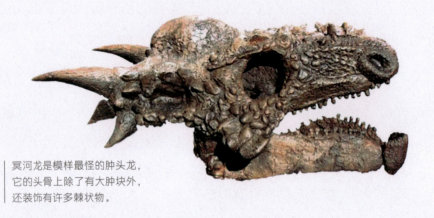

冥河龙是模样最怪的肿头龙，它的头骨上除了有大肿块外，还装饰有许多棘状物。

175 肿头龙类恐龙具有哪些特征？

肿头龙类恐龙头的周围和鼻子尖上都布满了骨质小瘤，有的个体头部后方有大而锐利的刺。它们的牙齿很小，但很锐利。头颅为厚达 23 厘米的骨板所覆盖，头颅背部则覆以突起的构造，上面有一些钉状突起可长达 13 厘米。颈部短而厚实，前肢短而后肢长，身躯不太大，坚硬的骨质尾由肌腱固定，可能十分沉重。

176 肿头龙家族有哪些成员？

肿头龙家族内的恐龙种类比较多，除肿头龙外，还有冥河龙、倾头龙、剑角龙、平头龙、膨头龙等，共计 10 多种。不同的肿头龙有着不同的头骨类型和纹饰。例如：北美洲的剑角龙和蒙古的平头龙的脑袋都呈倾斜状，后部较高。同样是来自蒙古的倾头龙的脑袋则更圆，像穹顶一样，并且额头和平头龙的一样都装饰着一圈小的突起物。而同样来自北美洲的冥河龙长相可能最为怪异，在其穹顶四周奇怪地排列着许多棘刺。这些棘刺应该是用来炫示而非打斗的。

| 剑角龙 | 平头龙 | 冥河龙 | 倾头龙

177 剑角龙之间为什么要相互撞头?

已知化石最为完整的肿头龙类是剑角龙。它们应该是群居动物,成年的雄性之间会为了成为群体的领导者而互相打斗,当最强壮者胜出之后,就会和族群里的雌性结为伴侣。它们决斗时,身体绷成一条直线,头稍向下倾,使头与头相撞。因为剑角龙头顶上有纹理致密的坚硬头骨,脖子强壮有力,所以这种撞击不会伤害到身体。

| 剑角龙

178 角龙类恐龙是如何进化而来的?

最后一批植食性恐龙生活在白垩纪中期至晚期,它们就是角龙类恐龙。和甲龙类一样,它们居住在北美洲和亚洲,并且也是从鸟脚类恐龙进化而来的。它们也披有盔甲,但仅限于头部。早期的这些恐龙体形较轻,和双足行走的鸟脚类恐龙很像,但发展到后来,它们头部的盔甲变得越来越沉重,最后演化成了四足行走的动物。后来,它们的脖子周围进化出了颜色绚丽的护甲,头上长出了角。

三角龙是典型的角龙，它的
头骨进化得很完全。

179角龙类恐龙为什么享有"末代骄子"的荣称？

角龙类是恐龙时代里最晚出现的一类鸟臀类恐龙，兴盛于白垩纪末期。角龙类恐龙把防御的"盾"和进攻的"矛"和谐地结合在一起。颈盾就是进行自我防护的盾，角就是反守为攻的矛。角龙类恐龙对肉食性恐龙的防御是积极的，而且常常是成功的。角龙类恐龙尽管出现很晚，却能在短时期内演化出众多类型，它们的进化无疑是非常成功的，因此它们被誉为恐龙家族中的"末代骄子"。

180角龙类恐龙具有什么特点？

角龙类恐龙是四足行走的植食性恐龙，它们最大的特点是除了原始种类外，头上都有数目不等的角。传统上，角龙类恐龙被划分为两大类群：长有类似鹦鹉喙部的鹦鹉嘴龙类和长着颈盾的新角龙类。它们共同的特点是，长有窄的沟状的角质喙嘴，嘴的前部有高度发达的拱状骨板，有大小轻重不等、形状各异的颈盾。

181 为什么角龙类恐龙的爪子要进化成蹄子？

角龙类恐龙有短而宽的脚，前脚有五指，后脚有四趾，指（趾）末端有蹄状的构造，善奔走。最初的角龙体形较小，到白垩纪末期蒙大拿角龙演化出来时，角龙类恐龙的体形变大了，而且脑袋上长出了角。蒙大拿角龙体长约 3 米，用四足行走。然而，和双足行走的祖先一样，蒙大拿角龙的脚上仍长着爪子。而更晚出现的角龙类恐龙，爪子则进化成了蹄子，这样可以更好地承受身体的重量。

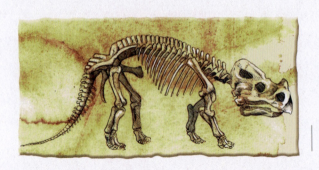

蒙大拿角龙的全身骨骼

182 角龙类恐龙都长得很像吗？

角龙类恐龙的身体形状都一样，仅头部护甲的形状和角的排列样式不相同，这使得不同种类的角龙很容易辨认。戟龙的鼻子上长有一根纪念碑似的角，另外在护甲周围长有一排角。开角龙的护甲非常大，呈帆状。爱氏角龙的鼻子上长着一根向前弯曲的角，护甲边缘长着一对笔直的角。河神龙的鼻子上长有一个用来顶撞的槌状物，眼睛上方长着一对很短的、刀片状的角，护甲边缘则长着一对弯曲的角。

183 角龙类恐龙的咀嚼能力为什么比别的恐龙强？

最初，人们不了解角龙类恐龙的颈盾是做什么用的。后来，经过仔细的解剖分析，科学家发现，这种骨质褶边的作用主要是为了附着从头骨后部连到下颌上的强大的肌肉组织。这组肌肉叫作颞（niè）肌，功能是带动下颌运动完成咬噬和咀嚼。由此可以推测，角龙类恐龙具有比其他植食性恐龙更加强大的咀嚼能力，这显然是对环境中纤维粗糙的植物比例增大的一种适应。

184 角龙类恐龙是怎样进行防御的？

角龙类恐龙的角是它们面对肉食性恐龙的自卫武器，也是争夺族群领袖地位的工具。它们互相用角抵住对方，进行角力，直至有一方败下阵来，但双方几乎不会受什么伤。在群体跋涉时，成年的角龙会把幼崽护在中间。如果遭到肉食性恐龙的攻击，它们就会立即围成一个圆圈保护幼崽，同时把角朝向外面。这样捕食者所面对的就是一整圈的利角和护甲。现代的麝（shè）牛也是用这种方法来对付捕食者的。

| 三角龙

185 古角龙是角龙的祖先吗？

　　古角龙是角龙类恐龙里最为原始的一种，其化石出土于白垩纪早期的地层，地点在中国甘肃马鬃山地区和吐鲁番盆地。它体形娇小，只有 1 米长，用后肢轻盈地奔跑。它的脑袋和鹦鹉嘴龙的脑袋非常相似，但骨架非常原始。研究者认为，后来出现的大型角龙类恐龙极可能就是从它的后裔里进化过来的。而且，古角龙的发现还证实了角龙类起源于亚洲而后迁移到北美的假说。

| 古角龙

186 哪种恐龙常被认为是神话中的狮鹫兽？

　　在神话中，狮鹫兽是百兽之王狮子和鸟中霸主老鹰的集合体，扮演着精灵或宝藏守护者的角色。在现实中，人们非常善于联想。考古研究者在穿过蒙古的戈壁沙漠时，看到了沙石掩埋下的原角龙骨骼化石，特别对它的尖嘴和长长的肩胛骨感到吃惊，由此便认为原角龙就是神话传说中的狮鹫兽。

187 为什么说原角龙是鹦鹉嘴龙类与新角龙类的中间类型？

原角龙的原意是最早头上长出角的恐龙。它的躯体较小，一般不超过 2 米，体重不超过 180 千克，看上去是一种笨重、矮胖的动物。它的头较大，头骨有 46 厘米长，头上还没有长出真正的角，只在鼻骨和额骨上有粗糙的突起，这是角的雏形。它的头上有很大的颈盾，乍看起来好像戴了一顶帽子，具备了新角龙类的特征。它的头骨拥有某些特征，如喙嘴等，又与鹦鹉嘴龙类相似。由此推论，原角龙是鹦鹉嘴龙类与新角龙类的中间类型。

188 哪种恐龙的脑袋长得与鹦鹉非常像？

体长约为 1.5 米的鹦鹉嘴龙，是角龙类恐龙中一个早期的种群。它的喙十分坚固，颌部非常强壮有力，能够咬断并切碎质地很硬的植物。在它的头骨后部有一圈骨梁，发达的颌部肌肉就扎根于此。这圈骨梁和巨大的喙使得它的颅骨看起来很宽，整个脑袋的模样和现代的鹦鹉非常相像。

| 鹦鹉嘴龙的头骨化石

189 哪种角龙的名气最大？

生活在白垩纪末期的三角龙是角龙类恐龙中名气最大的，也是角龙类恐龙中个头最大的。三角龙的大脑袋上长有三个角，其中眼睛上和鼻子上各有一个角。三角龙的样子很像现代的犀牛，但比犀牛大多了，体长可达9米，体重可达6吨，差不多有5头犀牛那么重，是目前发现的最大的角龙。

190 棘龙类恐龙都有帆状的棘吗？

棘龙类恐龙是一群独特的兽脚类恐龙，其名称来自于其中某些物种背部的帆状物。事实上，此群恐龙的代表性特征与棘并无关系，而且并非所有成员都长有帆状的棘。它们都拥有修长的类似鳄鱼的头颅，狭长的嘴部长有圆锥状的牙齿。这些牙齿有的有非常小的锯齿状边缘，有的没有此特征。齿骨前部的牙齿往外突出，成为这群动物的外表特征。除了棘龙外，棘龙类恐龙还包括英格兰南部的重爪龙、巴西的激龙、尼日尔的似鳄龙以及泰国的逼罗龙等。

棘龙

似鳄龙

激龙

重爪龙

| 棘龙类恐龙

191 棘龙背上的"帆"有什么用？

棘龙生活在白垩纪晚期的非洲，体形很大。它的背部长有长达 1.8 米的棘，从头部后方延伸到尾巴前缘部分，上面覆盖着表皮，看起来就像小船上扬着的帆。对于棘龙背上这面"帆"的功能，古生物学家有几种设想，其中一种理论认为，"帆"上覆盖着一层薄皮，皮里面布满了毛细血管，血管会将身体里面多余的热量带出来，由空气带走，起散热的作用。所以，散热理论成了"背帆"功能的主流学说。

192 棘龙不是水生的，为什么推测它们爱吃鱼？

棘龙作为一种生活在陆地上的大型肉食性恐龙，似乎是为捕鱼而生的。之所以这么推论，是因为它们的牙齿不同于其他兽脚类恐龙。通常，兽脚类恐龙都为西餐刀形的牙齿，而棘龙的牙齿是圆锥形的，牙齿表面有几条纵向的平行纹，这样的特征是鳄鱼等捕食鱼类的爬行动物才有的。后来，古生物学家在棘龙化石的胃部发现有鱼鳞。由此可以确知，棘龙以鱼为主食，而牙齿表面的那些纵向纹可能有助于防止鱼肉紧粘在牙齿上。

193 重爪龙是一种什么样的恐龙？

大多数恐龙都可以按几种基本形态来辨认，唯独重爪龙与众不同。重爪龙是生活在白垩纪早期的兽脚类恐龙。它的头部扁长，头形与现代的鳄鱼十分相像，嘴里长着 128 颗锯齿状的牙齿；前肢强壮，有 3 根强有力的指，特别是拇指，粗壮巨大，有超过 30 厘米长的钩爪，重爪龙的名称就是由此得来的。

重爪龙高 3 米，每只爪子长约 35 厘米。它们居住的范围十分广泛，可能从英格兰到北美洲都有分布。

194 重爪龙是怎样利用巨爪来捉鱼的？

重爪龙的食物与其他肉食性恐龙不同，它喜欢吃鱼，而且还很会抓鱼，像今天的灰熊一样。它那尖锐并且弯曲的大爪有点儿类似现在捕鱼用的大鱼钩。瞄准目标后，它就用这个大爪一把将鱼捉出水面，再用长嘴叼住，然后带到蕨丛中去慢慢享用。

¹⁹⁵似鳄龙与鳄鱼有哪些相似之处？

　　似鳄龙由一支美国和尼日尔的联合考察队于 1998 年在撒哈拉沙漠中一处偏远的沙丘覆盖地区发现。它是一种棘龙，最典型的特征是，拥有一个又长又尖的嘴，嘴里还有大约 100 颗弯曲且呈钩状的牙齿，这类似于今天的鳄鱼。当它合拢嘴巴时，牙齿能够彼此咬合，从而将猎物牢牢钩住，这也与鳄鱼的捕食方式一致。

¹⁹⁶为什么激龙会得名"让人激愤的恐龙"？

　　"激龙"的学名意为"让人激愤的恐龙"，之所以这样命名，与当时发现它的特殊情形有关。它的化石骨骼只有一具头骨，是 20 世纪 90 年代在巴西发掘到的。当这具头骨被送到德国的斯图加特博物馆时，馆里的工作人员却意外地发现它被人改造过了，有人在它的头骨上加了一些东西，想使它看起来更富于视觉冲击力。这令研究人员激愤不已。后来，研究人员通过细致的研究才确认，它是一种小型棘龙。

激龙的头骨化石

197 繁盛于白垩纪的虚骨龙类恐龙有哪些？

虚骨龙类恐龙是兽脚类恐龙中一个群体非常庞大且多样化的生物群，也是兽脚类恐龙中进化程度最高的一类。它们自侏罗纪中期兴起，到白垩纪已演化得非常普遍了。与体形庞大笨重的肉食性恐龙相比，虚骨龙的体形更小，行动更敏捷，前肢更长，下颌更长、更尖。它们跑得很快，能够捕食昆虫和小型哺乳动物。繁盛于白垩纪的虚骨龙类恐龙有驰龙类、伤齿龙类、窃蛋龙类、似鸟龙类、镰刀龙类和暴龙类等。

198 手盗龙类恐龙具有哪些与鸟类相似的特征？

手盗龙类是虚骨龙类的一个子群，指除似鸟龙类以外所有类似鸟类的恐龙。手盗龙种类繁多，包括驰龙类、伤齿龙类、窃蛋龙类、镰刀龙类以及鸟类等。手盗龙类具有如下特征：腕关节骨骼弯曲（半月形腕部），锁骨与胸骨相连，爪子比足部大，耻骨修长且往后指，尾巴坚挺，体表有羽毛。这些特征都与鸟类极为相似。

驰龙类中的鹫龙就是一种很像鸟的猎食恐龙。

199 棒爪龙的爪子像棒一样吗?

棒爪龙是一种虚骨龙,它的名字在拉丁文中的意思是"棒的爪子"。不过,他们这样命名并非因为这种恐龙的爪子像棒一样,而是为了纪念第一个描述此化石的生物学家布赖斯拉克,因为他的名字中的前半部分缩略词意为"棒"。

200 棒爪龙有什么独特的地方吗?

20 世纪 90 年代,在意大利一处白垩纪早期岩层发现了一具保存近乎完美的棒爪龙骨骼化石。它的保存状况非常理想,甚至于肺部和肠子这些软组织都保存了下来。这些器官说明,这种恐龙(可能其他所有的小型恐龙也是如此)具有很强的呼吸能力,能够在奔跑的时候充分地呼吸,这使得它们成为精力充沛的捕食者,可以非常快速地移动,并能保持相对较长的时间。

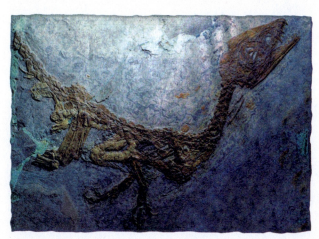

从这具骨骼的关节联结情况来看,这块有"意大利珍品"之称的棒爪龙化石应该是一只尚未完全发育成熟的小棒爪龙,全长只有 25 厘米。

201 驰龙类恐龙是如何抓捕猎物的？

驰龙类恐龙都长着细长的腿和轻盈的骨头，因此跑起来速度非常快，可以捕捉正在逃命的猎物。捕猎时，它们先击倒猎物，然后用抓钩一样的前爪抓住猎物，再用它们后倾、针状的牙齿咬住猎物，随后用大而弯曲的镰刀状爪掏食猎物的内脏。它们的爪子可以弯曲成很大的弧度，以便更深入地抓住它们的猎物。

在奔跑时，它们的爪子可以抬起来并向后收缩，这样可以防止爪子因接触地面而变钝。

恐爪龙是一种驰龙类恐龙，它们正在向一只腱龙发起攻击。

202 驰龙类恐龙中最著名的恐龙是哪种？

伶盗龙是驰龙类里最广为大众熟悉的恐龙，常出现在一些影视作品中。对于古生物学家而言，伶盗龙则是一种重要的恐龙，目前已发现的化石超过 12 具，是驰龙类中数量最大的。伶盗龙和恐爪龙很像，但比恐爪龙小，大小与一只狗差不多。伶盗龙善于奔跑，并能在快速奔跑的过程中猎取猎物，因此它也被称为"迅猛龙"。

203 驰龙类恐龙和鸟类有哪些共同特征？

驰龙类恐龙和鸟类有很多共同点：它们都有中空的骨头，这使得它们的身体更轻、更强壮。驰龙是掠食恐龙，它们和鸟类在构造相同的地方的进化途径是一样的，或是最终失去了一些骨头，或是和其他骨头长到了一起。另外，目前已发现的部分驰龙类恐龙身体覆盖着像鸟一样的羽毛，包含翼与尾巴上的大型片状羽毛。由此，古生物学家推测，可能所有的驰龙都有羽毛。

204 为什么说斑比盗龙更像一只鸟？

20 世纪 90 年代末，当一具几乎完整的斑比盗龙的骨骼化石在美国蒙大拿州的白垩纪晚期岩层里被发现时，关于驰龙与鸟类关联性的一切质疑都烟消云散了。斑比盗龙是驰龙类恐龙中个头最小的，只有一只鹅那么大，但它的每根骨头看起来都像鸟骨，每个关节都像鸟的关节。于是研究者们判定，斑比盗龙是一种覆着羽毛且与鸟类更接近的恐龙。

205 哪种驰龙类恐龙的爪子有 30 厘米长？

人们迄今发现的最大的驰龙类恐龙爪子属于犹他盗龙。犹他盗龙是白垩纪时期最著名、最凶残的捕食者之一，它长有镰刀形的爪子，足足有 30 厘米长，前肢能像鸟脚一样折叠。这种恐龙长达 5 米，体重约 500 千克，攻击性极强，而且跑得很快，能追赶上比自己大得多的大型猎物，如巨大的蜥脚类恐龙，然后将那长达 30 厘米的尖爪刺入猎物体内。它还有一条僵硬的尾巴，主要用来在奔跑中平衡身体。

206 为什么胁空鸟龙的归属很难确定？

胁空鸟龙生存于白垩纪晚期的马达加斯加，然而它的分类在历史上存在诸多争议，无法确定它到底是属于鸟类还是驰龙类。它那带尺骨的羽干，使它最初被归为鸟类；然而，骨骸的其他部分则类似典型的驰龙。原始鸟类与驰龙类恐龙的特性极为类似，而胁空鸟龙很有可能已经丧失了飞行能力，因此很难确定它是否属于鸟类。

| 胁空鸟龙

207 为什么说恐爪龙是爪子最厉害的恐龙？

恐爪龙是一种生活于白垩纪时期极具杀伤力的中小型恐龙，被认为是最不寻常的掠食者。在它左右后肢掌上的第二趾上，分别长有一根号称"恐怖之爪"的利爪。这两根利爪长约 12 厘米，就像一把镰刀。相对其他恐龙而言，它前肢上的指也异常得长。捕杀猎物时，它一只脚着地，另一只脚举起镰刀般的爪子，再加上前肢利爪的配合，很容易就能将猎物开膛破肚，一下子置其于死地。这使恐爪龙成为恐龙时代里爪子最厉害的杀手。

| 恐爪龙的骨骼化石

208 在已知的兽脚类恐龙中有没有无牙齿的？

兽脚类恐龙大都是凶猛的掠食者，牙齿对它们来说是非常重要的猎食工具。然而，它们之中也有一些极为特化，牙齿都退化消失了。目前所知的几种没有牙齿的恐龙都来自虚骨龙类，包括窃蛋龙类和似鸟龙类。它们本该长牙齿的地方都长成了喙，除此之外，强有力的上下颌肌肉与又短又深的头盖骨相结合，使得它们咬合力大增，能轻松咬碎食物。

209 窃蛋龙是怎样得名的？

窃蛋龙是一类生活在白垩纪晚期的恐龙。首只出土的窃蛋龙类恐龙头颅骨是碎的，它躺在一堆恐龙蛋化石当中。受当时技术条件的限制，科学家推测这只恐龙是在偷原角龙的蛋时被发现并被打碎了脑袋，因此将这类恐龙命名为"窃蛋龙"。后来，随着更多化石被发现，考古学家们证实之前随窃蛋龙化石一同出土的恐龙蛋化石其实是窃蛋龙自己的蛋，因此当初对窃蛋龙偷食原角龙蛋的假设也就不成立了。但受国际动物命名法规的限制，"窃蛋龙"这一名字已无法更改，不得不一直使用下去了。

| 窃蛋龙

210 窃蛋龙如果不偷蛋吃，那么它们以什么为食呢？

古生物学家们发现，窃蛋龙的喙和鹦鹉一样，弯弯的而且顶端很尖，并且口中没有牙齿。同时，它们还拥有长而有力的后腿和灵巧的前肢，这能够让它们长时间追捕并牢牢抓住猎物，而发达的颈部肌肉也可以使它们轻松摘取高处的植物。所以古生物学家们推测它可能是一种杂食性的恐龙，植物、小型蜥蜴、贝类等都可能在它们的食谱上。

211 为什么称窃蛋龙是"慈祥妈妈"?

窃蛋龙把卵产在用泥土筑成的巢穴中，但是人们对它们是否亲自孵蛋一直存在着争议，直到 1993 年，科学家发现了一只窃蛋龙和一窝恐龙蛋的化石。这只窃蛋龙正蹲伏在恐龙蛋上，两条后肢紧紧蜷着，前肢向前伸展，呈现出护卫窝巢的姿势，和现代鸟类孵蛋的姿势完全一样。窃蛋龙这种亲自孵蛋的行为，为它博得了"慈祥妈妈"的称号。

212 为什么说伤齿龙是最聪明的恐龙?

伤齿龙是手盗龙的一种，但它与鸟类的相似性不如驰龙强。这种白垩纪晚期的小型肉食性恐龙身长大约 2.5 米，很有可能长着羽毛。就身体和大脑的比例来看，伤齿龙的大脑是恐龙中最大的，这表明它们可能是最聪明的一群恐龙。有些科学家甚至认为，伤齿龙可能和鸵鸟智商相近，那意味着它比现生的任何爬行动物都要聪明。

| 伤齿龙

213 伤齿龙如果没有灭绝，有可能进化成恐人吗？

20 世纪 80 年代，加拿大古生物学家戴尔·罗素提出一个观点：如果没有 6600 万年前的那场灾难，伤齿龙有可能进化成比人类还要聪明、外形像人的动物 —— 恐人，成为地球上的主宰。因而，伤齿龙进化成恐人的"恐人学说"曾风行一时。不过，多数古生物学家还是不太同意这个观点。

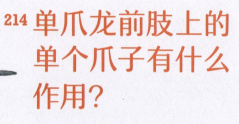

| 单爪龙

214 单爪龙前肢上的单个爪子有什么作用？

单爪龙是阿瓦拉慈龙类中的著名成员之一。它双腿修长，长着一条长尾巴，前肢却很短，上有一排排突出的小骨头，前肢末端长有一个结实而粗短的爪子。研究者推测，单爪龙的小生境可能类似于现代的土豚或食蚁兽，它那粗短有力的前肢很可能是作为掘土工具来用的，挖开地下的蚁穴或白蚁的小丘。由此估计，它们很可能是以昆虫为主食的。

²¹⁵阿瓦拉慈龙类是鸟还是恐龙？

  阿瓦拉慈龙类是一类充满神秘色彩的、长着长后肢、擅长奔跑的小型恐龙，身长范围从 0.5 米到 2 米不等。它们的身体和鸟类非常相像，所以起初被认为代表原始的无法飞行的鸟类，但最近的研究显示，它们是手盗龙类的原始成员。它们双足行走，拥有大而呈钩状的前肢，适合挖掘或撕扯；颌部较长，长有一口较小的牙齿，但齿上没有肉食性恐龙齿上的锯齿状结构。

²¹⁶似鸟龙类恐龙具有哪些特征？

  似鸟龙类恐龙是虚骨龙的一个子群，出现于侏罗纪晚期，至白垩纪晚期灭绝。似鸟龙类恐龙与现代大型鸟类如鸵鸟、鹈鹕在形态上相当接近，只是还保留着长长的尾巴。它们的头部较小，其中多数种类上下颌无齿，有一双大眼睛，所以视野开阔，有良好的视力。它们身材高大，结构轻巧，强有力的三趾足使它们能高速奔跑，而细长、顶端有爪的前肢可以抓住食物。

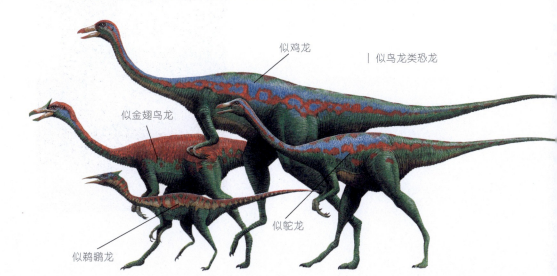

似鸡龙

| 似鸟龙类恐龙

似金翅鸟龙

似鸵龙

似鹈鹕龙

217 似鸟龙类恐龙也是肉食者吗？

　　由于还没有发现似鸟龙类恐龙所吃食物的任何证据，所以还无法确知它们的食性，只能根据与鸵鸟的亲缘相似性来推断。鸵鸟是杂食性的，食物种类繁多，包括嫩枝、树根、种子、叶子及果实等，此外还有蜥蜴、蛇、幼鸟、小哺乳动物和一些昆虫等。因此，古生物学家认为，似鸟龙类恐龙是以肉食为主的杂食性恐龙，捕食昆虫和其他一些小动物，偶尔也吃吃水果和卵等。

218 为什么似鸟龙奔跑起来速度能那么快？

　　似鸟龙的骨骼和鸟类的非常接近。它的头部应该比鸵鸟向前伸得更远，并由一条长长的尾巴来保持平衡，只有腿部的构造跟鸵鸟的很相似，都是大腿骨很短，支撑着所有的腿部肌肉，这使得修长的小腿和脚趾完全可以由肌腱来带动。这种构造令它的双腿非常轻便灵活，极其适合疾速奔跑。

| 似鸟龙的骨架

219 恐手龙是已知似鸟龙类恐龙里体形最大的吗？

1965 年，在蒙古的白垩纪晚期岩层里发现了一具令人称奇的恐龙前肢化石，它足有 2.5 米长，每只前肢上各长有 3 根尖锐的、钩状的爪子，每根爪长达 20~30 厘米。这种恐龙被命名为"恐手龙"，意思是"恐怖的臂膀"。2014 年，考古学家发现了完整的恐手龙头部和脚部化石，并据此复原了恐手龙的全貌。它体长 12 米，体重 9.3 吨，拥有着 2.5 米长的手臂和 25 厘米的指爪，替代了曾一度被认为是似鸟龙类恐龙中最大的似鸡龙，成为新的最大的似鸟龙类恐龙。

| 恐手龙的前肢骨骼化石

220 似鸡龙喜欢吃什么？

目前，古生物学家们还不太确定似鸡龙喜欢吃什么，它们的食谱可能很丰富：昆虫、植物、蠕虫、蛋……反正吃到嘴里的都很香。似鸡龙的喙里没有牙齿，喙的前端布满一条条的棱，看起来就像一把梳子，可能是吃东西的时候用来滤水的。它的前肢会像铲子一样四处挖东西吃，包括其他恐龙埋在土里的蛋；它前肢上的长爪子可以从树上把叶子扯下来，或者是抓住像蠕虫和小蜥蜴这样的小猎物。

221 为什么说似鸡龙是恐龙家族里的顶级奔跑选手？

所有似鸟龙类恐龙都长相相似，但大小不一。其中，似鸡龙个头很大，身长可达 6 米。似鸡龙是一位奔跑能手，时速可达 80 千米，几乎和赛马一样快。它虽然经常慢悠悠地四处闲逛，跟踪小型哺乳动物，或是刨食种子和昆虫，但它的速度可以让它轻松甩掉绝大多数捕食者。它的长尾巴起平衡作用，在它飞速奔跑的时候可以像弹簧一样助它向前推进。

222 哪类恐龙被视为恐龙世界里的"四不像"？

哺乳动物王国中有一种长相非常奇特的珍稀动物，它就是俗名叫作"四不像"的麋鹿——头似马非马，身体似驴非驴，角似鹿非鹿，蹄似牛非牛。有趣的是，恐龙世界里也有这样一类"四不像"恐龙：它们的头和足像原蜥脚类恐龙，但是牙齿及咀嚼有关的构造则非常近似于鸟臀类恐龙；它们的腰带结构既不像蜥臀类恐龙，也不像鸟臀类恐龙；从前肢的形态来看，它们又像典型的兽脚类恐龙。它们就是恐龙世界里被视为"四不像"的镰刀龙类。

死神龙是一种镰刀龙类，但它的头骨看起来却与一些大型植食性恐龙的头骨非常类似。

223 镰刀龙的特征性标志是什么？

镰刀龙的特征性标志就是，它的前肢上长着 3 根非常长的巨爪，其中中指最长，能长到几十厘米。巨爪的形状就像一把把长柄大镰刀，左边的巨爪爪尖朝下，右边的巨爪爪尖向上。这些爪子实在太长了，所以镰刀龙在四肢着地时，只能用指关节来支撑。

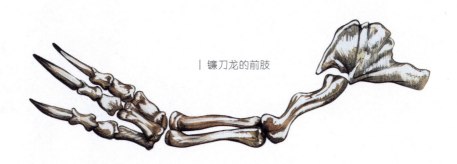

| 镰刀龙的前肢

224 为什么说北票龙的发现改变了传统的恐龙形象？

北票龙是 1996 年在中国辽宁省西部的北票市附近发现的。它生活在白垩纪早期，属于镰刀龙类，但在进化程度上还比较原始，头部显得较大，有长长的颈部，掌部比大腿长，足上有 3 根趾。不过，最令人振奋的发现是，它们的前、后肢表面覆盖着纤细的羽毛状纤维。这项发现改变了传统的恐龙形象，表明许多兽脚类恐龙的身体表面覆盖着的是长长的细绒毛而不是鳞片，就像鸸鹋（ér miáo）的发状绒羽。

225 慢龙为什么得名"慢"字？

慢龙是一种镰刀龙，它的脑袋相对较小，沉重的躯体由两条粗短的后肢支撑。它的脊柱呈曲线形，这使得它看起来像是弓着背在行走。它的大腿比小腿长，足部短宽，这使它不能像其他兽脚类恐龙那样快速奔跑和捕食活的动物，只能轻快地行走，顶多慢跑。科学家推测，它们大多数时候都在懒洋洋地缓慢踱步，因此给它们起名为"慢龙"。

| 慢龙

226 为什么慢龙的身体构造很令人费解？

肉食性恐龙的腰带一般都很有特征，即位于前端的耻骨向前突出。然而，慢龙的耻骨却是往后弯曲的，这种构造一般仅见于植食性恐龙。耻骨的后弯可以为植食性恐龙所特有的大量内脏器官提供更多空间，同时也会使这种恐龙的身体看起来十分矮胖。这是慢龙让人费解的构造之一。

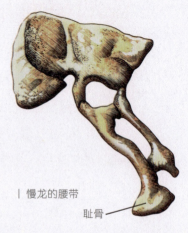

| 慢龙的腰带

耻骨

114

227 慢龙到底是吃荤的还是吃素的？

关于慢龙的食性，科学家众说纷纭。一种观点认为，慢龙以蚁为食，它有力的前肢和长长的爪子可以轻易挖开蚁巢取食，类似于现今南美洲的大食蚁兽。另一种观点认为，慢龙在水中捕食，因为曾在慢龙化石附近发现了一串具蹼的4趾脚印，研究者认为这可能是慢龙留下的。不过，从慢龙的下颌结构可以推断出，它的下颌略显无力，捕食滑溜溜的水中动物可能并不容易。第三种观点认为，慢龙吃植物，无齿的喙、具脊的牙齿、两颊具颊囊，说明它可以很有效地咬嚼叶子并切成碎片。而且，它那耻骨向后的特征，使它的腹部有更大的空间，可以容纳消化植物所需的很长的肠子。如果第三种观点正确，那么慢龙应该是一种极为特殊的植食性兽脚类恐龙。

228 哪种恐龙长了一张独特的"牛"脸？

食肉牛龙的脑袋就像一个硕大的牛头，不仅如此，它还长了一张公牛般的脸，眉骨上方长有一对多节的角，看上去就像斗牛一样。这种恐龙身躯庞大，前肢短粗，后肢强壮有力，长着锋利的牙齿，以捕食其他恐龙为生。因为它是肉食性恐龙中的一员，所以人们称它为"食肉牛龙"。

229 阿贝力龙类恐龙具有哪些典型的特征？

| 食肉牛龙

阿根廷的古生物学家在 1985 年为一种大型的肉食性恐龙命名时，发现这种恐龙的颅骨完全不同于过去发现的任何恐龙类群。他将之命名为阿贝力龙，以纪念发现这种恐龙的博物馆馆长阿贝力先生。阿贝力龙类属于兽脚类，它们独有的特征是：具有陡峭的短口鼻部，双眼上方有加厚的骨或角。它们生活在白垩纪晚期，还具有与暴龙类相似的特征，如融合的鼻骨和退化的前肢。较著名的阿贝力龙类恐龙有南美洲的阿贝力龙和食肉牛龙，马达加斯加的玛君龙，以及印度的胜王龙等。

230 玛君龙是典型的"食龙族"吗？

长期以来，科学家一直认为，在远古非洲大陆曾存在着以自己的同类为食物的恐龙——"食龙族"，但一直没有直接的考古证据证明这一猜想。后来，美国的考古学家在非洲马达加斯加考古发现的恐龙化石表明，在非洲大陆上的确居住着以自己的同类为食物的"食龙族"恐龙，它们就是玛君龙。科学家通过对发掘的牙齿化石进行分析，发现其他玛君龙尸体化石上印有玛君龙的典型牙印，这证明玛君龙正是以自己的同类为食物的。

231 玛君龙的发现与白垩纪时期的陆地变迁有什么关系？

玛君龙是在马达加斯加岛上发现的一种大型肉食性恐龙。奇怪的是，它与在南美洲和印度发现的肉食性恐龙一样属于阿贝力龙类。这意味着南美洲、马达加斯加和印度曾经有很长一段时间聚合在一起，其间阿贝力龙类的祖先在这三块陆地之间互相迁徙。

| 玛君龙

232 三角洲奔龙生活在荒漠里吗？

三角洲奔龙是 20 世纪 90 年代在北非摩洛哥南部撒哈拉沙漠地区发现的全新种类的恐龙。发现地点如今是一片灼热干燥的荒漠，这很容易让人误以为它是生活在荒野上的恐龙。事实上，在恐龙生活的时代，这里应该是一片广阔的泛滥平原，其中还分布着绿树拱卫的河流，环境宜人，而三角洲奔龙是活跃在那里的大型掠食者之一。

| 三角洲奔龙

233 三角洲奔龙是暴龙的近亲吗？

三角洲奔龙的身长可达 10 米以上，但和它那庞大的体形不般配的是，它长着细长的四肢，这说明它是一种行动迅速、身手敏捷的掠食者。这一点与暴龙这类典型的巨型肉食性恐龙明显不同。不过，三角洲奔龙跟暴龙类恐龙一样，拥有巨大的头骨和尖锐的牙齿，因此两者的亲缘关系较近，可以算是近亲。

234 为什么暴龙类恐龙被视为是恐龙中的"末代皇帝"？

暴龙类恐龙是白垩纪晚期演化最成功的兽脚类恐龙类群之一，它们雄霸于北美洲及亚洲大陆东部。称暴龙类恐龙为恐龙中的"末代皇帝"再合适不过了，因为它们在白垩纪中后期肉食性恐龙几乎消失殆尽后才演化出巨无霸的体形，填补了肉食龙类留下的空白，占据食物链的顶端，且是直到最后才灭绝的恐龙类群。

| 白垩纪时著名的暴龙

²³⁵白垩纪时有哪些著名的暴龙？

霸王龙是暴龙家族中体形最为庞大也是最为人熟知的一种，活跃在北美洲大陆上。来自北美洲的惧龙与霸王龙类似，但是体形稍小，有一个沉重的脑袋，牙齿数量较少，但形状更大。体长约6米的阿利奥拉龙是一种来自亚洲的中等体形的暴龙，它的头部很长，头顶长有骨质脊突和肉刺。最小的一种是来自美国蒙大拿州的体长约4米的矮暴龙。专家们对这种恐龙的看法尚不一致，一些人认为它可能是一只小阿尔伯塔龙，但可供研究的唯一一具头骨却毫无疑问是属于一只成年恐龙的。

达斯布雷龙

阿利奥拉龙

矮暴龙

236 为什么阿尔伯塔龙能先于霸王龙称霸一方？

| 生活在北美洲的阿尔伯塔龙

白垩纪晚期的北美洲是暴龙类恐龙的家园，它们也是有史以来最为凶猛的恐龙家族之一。阿尔伯塔龙是一种早期暴龙，比我们熟悉的霸王龙早出现了大约800万年。阿尔伯塔龙是双足行走的掠食性恐龙，有着很大的头，口中长着很多大而尖利的牙齿。虽然它的体形比起霸王龙来细小得多，重量也只与现今的黑犀牛差不多，但它的凶猛程度在当时也是数一数二的，所以能称霸一方。

237 为什么说特暴龙是霸王龙的亲戚？

特暴龙是截至目前在亚洲发现的最庞大的肉食性恐龙。跟霸王龙一样，它是十分凶猛的巨型肉食性恐龙，只是体形较霸王龙略瘦。在距今7500万年至6600万年前，在今天的蒙古国和中国地区，特暴龙很常见。有研究者认为，北美洲著名的霸王龙很可能源自亚洲。因为在白垩纪晚期，北美洲和亚洲由从阿拉斯加往西延伸出的一条宽阔的陆桥相连，特暴龙很可能是迁徙到北美洲后逐渐进化成了霸王龙，所以说特暴龙很可能是霸王龙的亲戚。

238 霸王龙是如何成为恐龙王国中最后的无敌霸主的？

　　霸王龙身长 12 米左右，身体很强壮；头部巨大，长约 1.5 米；牙齿粗大，形状类似香蕉，长度可达 30 多厘米，被称为"致命的香蕉"。霸王龙的头骨是暴龙类恐龙中最强壮的，头上的空隙相对较小，使头骨更加坚实；下颌特别强壮，咬力超强，力量大得足以咬断骨头。霸王龙的口可以说是终级碎骨机器，在三角龙的盆骨上就曾发现过它的咬痕。科学家根据骨头上的咬痕推测，霸王龙进食时先用力将牙齿咬入猎物体内，再利用强壮的颈部连肉带骨一起扯下一大块，一并吞下，这一过程被称作"穿刺和拖拉"。另外，霸王龙嗅觉很好，还具有立体视觉，这能够辅助捕猎。在白垩纪末期，没有哪种动物敢于挑战如此凶悍的对手，霸王龙自然就成为无敌霸主。

| 霸王龙

239 谁是有史以来最大的肉食性恐龙？

在过去的一个世纪里，我们都认为暴龙是肉食性恐龙中的王者。一代又一代的科学家都相信这一点，甚至还有人声称，理论上讲不可能再有更大体形的食肉动物生存过。但是到20世纪90年代，在间隔不到一年的时间里，相继发现了两具比暴龙更大的食肉恐龙的骨骼化石，一具在南美洲，即南方巨兽龙；一具在非洲，即鲨齿龙。尽管这两种恐龙的骨骼化石都不完整，但它们明显是比暴龙体长更长的恐龙。南方巨兽龙身长可达14.3米，鲨齿龙身长14米，均超过了最大的暴龙——霸王龙。

240 南方巨兽龙与暴龙相比哪个更凶悍？

和暴龙相比，南方巨兽龙虽然身体较大，但牙齿却小很多，且比较薄，如同锐利的餐刀一样，善于切割。而暴龙的牙齿又大又粗，形状如同香蕉一般，能够毫不费力地咬断骨骼。尽管如此，南方巨兽龙在猎食时，只需在猎物身上结结实实地咬上一大口，产生的伤口就足以使猎物流血致死。由此可见，在猎食方面，南方巨兽龙与暴龙不相上下。

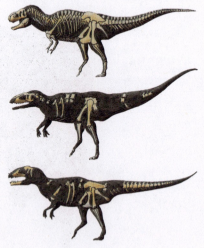

从上至下依次是暴龙、鲨齿龙、南方巨兽龙的骨骼化石

241 鲨齿龙和南方巨兽龙是否存在亲缘关系?

　　鲨齿龙生活在非洲,南方巨兽龙则生活在遥远的南美洲,尽管地域相隔较远,但它们之间有亲密的血缘关系。可能的解释是,在白垩纪早期,各个大陆尚未被海洋隔离开,这些恐龙的祖先能够在全球范围内自由迁徙。陆地裂开之后,南方巨兽龙开始了独立的进化过程。如今,鲨齿龙和南方巨兽龙都被划归为鲨齿龙类,它们的祖先被认为是侏罗纪时期的异特龙。

🦔 恐龙灭绝之谜

242 恐龙时代是什么时候结束的?

　　在距今2.3亿年到6600万年前的中生代里,恐龙是地球上的"霸主"。然而,在6600万年前,不知发生了什么样的灭顶之灾,使恐龙这一在地球上生活了大约1.65亿年的动物全部灭绝了,恐龙时代从此结束。恐龙的集体死亡事件发生在很短的时间内。科学家们对它们灭绝的原因至今仍然感到迷惑不解。

243 哪些恐龙是最后绝灭的？

恐龙是一个大家族，各种不同的种类并不全都是同生同息的，有些只出现在三叠纪，有些只生存在侏罗纪，而有些则仅仅出现在白垩纪。对于某些"长命"的类群来说，也只能是跨过时代的界限，没有一种类群能够从三叠纪晚期一直生活到白垩纪之末。当然，生存到6600万年前大绝灭前"最后一刻"的恐龙都是些后出现的恐龙，其中植食性的有三角龙、肿头龙、埃德蒙顿龙（一种鸭嘴龙）等，肉食性的则有霸王龙和食肉牛龙等。

244 恐龙是突然灭绝的吗？

恐龙并不是从地球上突然消失的，而是渐渐灭绝的。恐龙中较早灭绝的是剑龙类，而恐龙的一些亲戚，如鱼龙类和翼龙类是在剑龙类绝灭后很久才灭绝的。角龙类灭绝于白垩纪晚期，是最晚灭绝的恐龙。已发现的恐龙化石"告诉"我们，恐龙彻底灭绝大约经历了3000万年的时间。

245 最后的恐龙生活在什么地方？

最后的恐龙显然生活在北美洲的西部地区，因为在白垩纪末期的岩石中发现了它们的残骸化石。在白垩纪结束之前，在世界其他地方，恐龙早已灭绝。

246 导致恐龙灭绝的原因是什么？

关于恐龙灭绝的原因，专家们众说不一，因此有人进行了总结，认为不外乎有以下4种原因：生物学原因，非生物学原因，地球以外的原因，具有迷信色彩和荒唐解释的其他原因等。生物学原因包括恐龙内分泌失调、恐龙蛋畸形、恐龙蛋孵出同一性别的恐龙因而不能孕育后代、性别受阻、植物中含有致命的毒素、恐龙蛋被食蛋的哺乳动物吃掉，以及疾病等；非生物学原因包括气候的变化、大气压力的变化、大气成分的变化、洪水、必需的微量元素（如钙元素和硒元素）缺失、有毒矿物质的出现、强烈的辐射、地震、有毒气体、火山尘埃、海平面升高以及由于海底扩张形成的超大陆解体等；地球以外的原因包括由于大量宇宙辐射引起的地球磁场倒转、地轴迁移、太阳黑子活动、超新星的出现、彗星或流星撞击地球等；其他还有一些迷信或者荒唐的解释，包括被外星人杀掉、诺亚时期的大洪水暴发等。至于哪种原因更具有说服力，目前还无法确知，仍需深入探索。

有些科学家认为，彗星撞击地球导致了恐龙灭绝。

²⁴⁷ 与恐龙同期大规模灭绝的动物有哪些？

在陆地上，除恐龙外，没能幸免于白垩纪末期大灭绝的动物种类还包括一些鸟类和有袋类哺乳动物。在海洋中，沧龙、蛇颈龙、一些硬骨鱼类、菊石、箭石、厚壳蛤类、三角蛤属，以及海洋中一半以上的浮游生物都灭绝了。

科学家称，在白垩纪末期的大灭绝事件中能幸存下来的动物体重都不超过 25 千克。龟是部分得以幸存下来的爬行动物之一。

²⁴⁸ 现在还有活恐龙吗？

地球上古老的生物，虽然大部分都灭绝了，但是在远离人类的森林和峡谷里，人们还是能找到其中活下来的幸运儿，像恐龙的近亲龟和鳄鱼都成功地活到了现在。

所以，有些人认为，虽然一直到现在还没有发现活着的恐龙，但是这并不表示世界上就没有活着的恐龙，它们可能仍生活在地球的某个角落里，只是还没被人发现罢了。

如今，鳄鱼是地球上最著名的爬行动物之一，恐龙与它们或多或少有一些极为相似的地方。

第二章

恐龙的远亲

　　在生生不息的中生代里，恐龙并非一个孤孤单单的独立家族，与它们相伴而生的亲缘动物也为数不少。恐龙那些爬行类的远近亲戚们广布海陆空，各据自己的领域，独领风骚。陆上的哺乳类虽说不敢与恐龙争霸，但也隐忍待发。重返水域的大小动物擅长独辟蹊径，在新的世外桃源里亦过得逍遥自在。不甘欺凌的飞翔一族早早就抢占了广阔的天空，傲视海陆世界的霸主们，与它们一同争抢自然界提供的饕餮大餐……

249 最早的爬行动物代表有哪些？

早在中生代之前，爬行动物虽然还未能统治地球，但已经出现并开始繁盛。在两栖动物出现后不久的石炭纪早期，就可能有爬行动物存在了，但化石记录并不可靠。到石炭纪晚期，爬行动物中的三个主要类群的代表都已经出现。已知最早的爬行动物是林蜥，属于爬行动物中最原始的无孔类。比林蜥稍晚，出现了最初的双孔类的代表油页岩蜥和下孔类的代表蛇齿龙。这两类动物的出现在生物进化史上具有重要的意义。

250 在恐龙出现之前占主导地位的动物是什么？

在恐龙出现之前，占主导地位的动物是似哺乳类爬行动物。它们是从爬行类派生出来的生物物种，也称下孔类。下孔类大致可分为两大种群：最初进化的一个原始种群属于盘龙类，后来进化的一类是兽孔类。似哺乳类爬行动物在二叠纪中晚期是陆地上的优势动物，但它们的数量与多样性很快随着二叠纪－三叠纪灭绝事件的发生而严重减少。虽然有些种类活到了三叠纪，但它们并没有繁荣起来，相反恐龙快速成为优势动物。最后的似哺乳类爬行动物可能存活到三叠纪晚期。

251 盘龙类动物为什么常被误认为是恐龙？

盘龙类动物生活在二叠纪，但在恐龙出现之前大多数都灭绝了，只有少数幸运者顽强地活到了白垩纪，但也随着恐龙的灭绝而消亡了。早期的盘龙类向着两个方向发展：一类发展为巨大、凶猛的肉食性动物，典型的代表是异齿龙（与恐龙家族中的一种恐龙同名）；另一类发展为巨大、温顺的植食性动物，典型的代表为基龙。这两大盘龙类动物都具备了蜥蜴或鳄类匍匐而行的四肢构造及爬行姿态，并且背部都长有大片如扇叶一般分布的棘。由于这些特征与恐龙有些像，因此它们常被一些化石收藏者误认为是恐龙。

| 异齿龙

252 兽孔类动物是从什么时候开始才进化成哺乳类的？

兽孔类动物出现于二叠纪后半期，是替代盘龙类的进化型似哺乳类爬行动物。它们自二叠纪繁盛起来，并开始高度进化，迅速分化出以肉食为主的兽齿类（有些晚期种类是植食性的）和植食的缺齿类。到三叠纪末，兽孔类动物才进化成真正的哺乳动物，但这时它们中的大部分都已灭绝，仅残存一小部分一直存活到白垩纪结束。

| 兽孔类动物的头骨

253 为什么哺乳动物在恐龙时代没有繁盛起来？

恐龙在中生代发展繁盛，这一时期的自然环境条件更适于爬行动物的发展：没有明显的四季变化，气候温暖潮湿，蕨类和裸子植物丰富，这使得各类巨大的爬行动物可以"衣食无忧"地生活。然而在恐龙时代，早期成功进化的哺乳动物多是些体小如鼠的成员，在生存竞争中处于劣势地位。它们只能在晚上不受爬行动物威胁时才悄悄外出，提心吊胆地觅食，苟且偷生，种群和数量都无法壮大，因此不可能繁盛起来。

254 为什么哺乳动物在恐龙灭绝后进入大发展时期？

在 6600 万年前发生的那场古生物大灭绝事件中，哺乳动物不仅没有灭绝，反而越来越繁盛了，甚至最终还成为地球的主人。这是因为白垩纪晚期大陆漂移，海平面下降，很多大型动物随恐龙一同灭绝了。这不仅为哺乳动物提供了广阔的生存空间，还削减了竞食对手的数量，为哺乳动物迅速繁衍创造了条件。另外，冷暖明显的四季，被子植物的大量出现，也是哺乳动物在新生代获得大发展的催化剂。

尤因它兽是恐龙灭绝之后兴起的一种大型哺乳动物。

255 麝足兽有哪些独特的地方？

麝足兽生存于 2.55 亿年前，是二叠纪时期最大的兽孔类动物。它有着巨大的身体，体形堪比一只河马。它是植食性动物，有着短而类似猪的牙齿。它四足行走，前肢向两侧伸展，类似现代蜥蜴；后肢则直立于身体下方，类似现代哺乳类。它有着厚重的头颅，许多科学家因此认为它们以头彼此对撞来互相竞争，那短而重的尾巴则可能用来平衡厚重的头颅。

| 麝足兽宽大的头骨化石

256 雷塞兽与现代狼有哪些相似之处？

| 雷塞兽

雷塞兽是生活在二叠纪晚期的兽孔类动物。它长着修长的脑袋、锋利的牙齿，四肢很长，可快速奔跑，并且很可能是群居的。雷塞兽是哺乳动物的远古祖先之一。它的嘴巴前端长着致命的利牙，后端的小齿则用来切肉。现代狼的牙齿构造和功能也是如此。因此，科学家估计，雷塞兽的样子、习性应该与现代狼差不多。

257 冠鳄兽是凶猛的掠食者吗？

冠鳄兽是二叠纪兽孔类动物中最有特色的，那高大的头骨装饰有很多往前、往后的角状物。不过，这也使得它看起来面目狰狞。另外，再看看它那粗壮的体躯和长有巨齿的大嘴，感觉它是一个凶猛的掠食者。事实上，它是一种形体像鳄鱼的杂食性动物，它的牙齿更适于吃植物，大而笨重的身躯说明它有大型消化系统，可消化大量植物。

| 冠鳄兽

258 犬颌兽是最早的哺乳动物吗？

在三叠纪中后期，一些似哺乳类爬行动物经过进化后看起来更像是哺乳动物了，犬颌兽就是其中最典型的代表之一。犬颌兽的体形与大型犬类差不多，通体长有皮毛，而不是鳞片，这点与哺乳动物相似。它的头骨也与哺乳动物的非常类似。不过，它的下颌是由多块骨骼构成的，而多数哺乳动物只有一块下颌骨，这显示出它还具有典型的爬行动物的特征。

| 犬颌兽

259 槽齿类爬行动物为什么能称霸三叠纪？

　　爬行动物在三叠纪崛起，主要由槽齿类、恐龙类、似哺乳类爬行动物组成。其中，槽齿类比恐龙更加原始，被认为是产生了恐龙、翼龙、鳄鱼等一些主要脊椎动物的大类群。槽齿类最早出现于三叠纪早期，在恐龙诞生之前活跃在地球上，比经历了二叠纪末期大灭绝事件的似哺乳类爬行动物要繁盛得多，因此很快占据了优势地位，成为当时的霸主。尽管如此，它们也没能在三叠纪之后幸存下来，最终还是将"天下"让给了生命力更为顽强的恐龙。

260 三叠纪时有植食性的似鳄动物吗？

　　在恐龙出现之前，地球上最大的陆生动物是现代鳄鱼的亲戚，其中的一些类群，例如恩吐龙类，为鳄支槽齿类动物，它们并非像鳄鱼那般凶猛，相反是温和的食草动物。像恩吐龙类中的有角鳄（又名链鳄），看上去像一条长着尖刺的鳄鱼，吻部却短了许多，吻部外形像鸟喙，牙齿钝而无力，头部贴近地面。这样的构造使它们只适于吃蕨类或其他低矮的植物。

有角鳄背披鳞甲，双肩和颈脖上长有向外弯曲的钉状物，这些都可作为御敌武器，避免受到外敌侵害。

²⁶¹ 植龙和鳄龙是鳄鱼的近亲吗？

在中生代，许多半水生肉食性爬行动物都长得像鳄鱼，如果不是一些细节上的区别，恐怕人们会误以为它们是鳄鱼呢！三叠纪晚期的植龙，鼻孔靠近眼睛，而不是像鳄鱼那样鼻孔长在口鼻部顶端。白垩纪晚期北美洲的鳄龙也很像鳄鱼，只是头骨更像蜥蜴的，它们与鳄鱼有共同的栖息地、相同的生活习性。其实，这些动物彼此间并没有很近的亲缘关系，只是"平行进化"的例子而已。

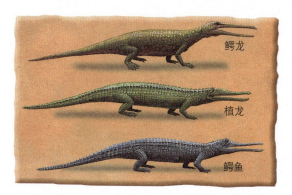

鳄龙

植龙

鳄鱼

²⁶² 亚利桑那龙为什么会被误认为是恐龙？

亚利桑那龙其实是一种生活在三叠纪中期的陆生鳄，但由于它长得像长棘龙——一种背上长有高大背帆的原始爬行动物，因此也同长棘龙一样，一度被误认为是恐龙。与现生鳄鱼不同的是，亚利桑那龙并非匍匐爬行，而是像犬那样用四肢行走。习性方面，亚利桑那龙也与长棘龙相似，生活在沙漠中，专门猎食那些生活在绿洲上的大型植食性爬行动物。

263 晚三叠纪以来，鳄鱼在进化过程中经历了哪些变化？

鳄鱼起源的时间可能比恐龙还要早，但从化石记录来看，最早的鳄鱼和恐龙一样出现于三叠纪晚期，模样和现在的鳄鱼没有太大的区别，只是腿部显得更长。自出现以来，鳄鱼的模样基本上就没多大变化，只是发生了种群的演化，出现了不同的种类：有的鳄鱼长有长腿，在陆地上蹦跳奔跑；有些用后肢飞奔，就像是恐龙的小号亲戚一样；而相当一部分鳄鱼则进化成海生动物，和其他海洋爬行动物具有同样的特征——拥有蜿蜒的身体、鳍状的四肢和尾鳍，到侏罗纪这一情况尤为显著。

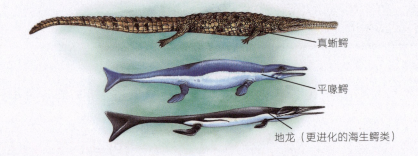

真蜥鳄

平喙鳄

地龙（更进化的海生鳄类）

264 海生鳄类为什么会出现？

由于侏罗纪早中期是一个较大规模的海侵时期，陆地范围缩小，所以部分鳄类开始适应海边生活或完全海生。像早期进入大海的狭蜥鳄和真蜥鳄还保持着淡水祖先的模样：身披盔甲，有长蹼的脚。但此后出现的海栖鳄类的身体构造就表现为对环境的高度适应，甚至显得非常特化。例如平喙鳄，身上少了普通鳄类具有的甲片，四肢演化成了鳍状，尾巴的形状像鱼鳍，以帮助游泳。

²⁶⁵有史以来最大的鳄鱼有多大？

恐鳄被认为是有史以来最大型的鳄鱼之一，生活在白垩纪晚期的北美洲。如果仅从远处看，你会把恐鳄当成是现生的鳄鱼。不过仔细看一看恐鳄的体形——身长达15米，大小相当于今天最大的鳄鱼的3倍，比同时代的霸王龙还要长。它生活在沼泽中，悄悄地等待着，猎杀从这里经过的恐龙和其他动物。

| 恐鳄

266 为什么有些爬行动物在中生代又返回到水中？

中生代时爬行动物称霸天下。随着爬行动物在陆地上蔓延，食物竞争加剧，其中一部分为了寻找新的食物来源又返回水中。爬行动物很容易适应水中的生活，因为它们的新陈代谢率低，能忍耐缺氧的环境，而且在水里活动所需的能量要少。一段时间内，它们就进化并且适应了水中的生活，腿逐渐变成了鳍足，眼睛适应了在水中视物，身体变成了流线型，使在水中的运动速度加快。另外，它们不再在陆地上产卵，而是进化出了在水中产下活幼体的方法，这被称为"卵胎生"。现有充分证据证明，早在2.5亿年前，就已经有一些爬行动物从陆地转向海洋生活了，这部分水生动物就是由陆生动物祖先进化而来的。

267 水生爬行动物最理想的体形是什么样的？

研究表明，许多海洋生物的祖先都是陆生爬行动物，它们离开干旱贫瘠的陆地，走向水中寻求新的生机。对水下猎食者来说，最理想的体形是具有扁平尾巴、鳍状四肢的流线型体形。二叠纪、三叠纪、侏罗纪和白垩纪时许多的水生爬行动物都生有这样一副体形，就如新生代第三纪的鲸一样。有个别物种还进化出了很奇怪的特征，例如长长的脖子，人们猜测这可能是为了捉到躲藏在石缝里的猎物而进化出来的特征。

268 中龙具有哪些适于水生的构造？

中龙是一群已灭绝的爬行动物，由于它们的颅骨结构比较原始，所以它们被看作是一种早期的爬行动物。中龙主要生活在石炭纪到二叠纪早期的溪流和水潭中，体长约 1 米，后肢强壮有力，指与趾上都有蹼，还长着有利于游泳的扁平尾。它们用尾巴和后肢在水中游动，带蹼的前肢可掌舵及平衡身体。它们的上下颌特别长，嘴里长满排列整齐的牙齿，呈针状，可从水中过滤无脊椎动物进食。

269 中龙化石为什么可以作为大陆漂移理论的证据？

在中龙生活的二叠纪，大西洋还没有形成，非洲和南美洲在当时都是泛古陆的一部分。由于没有海洋相隔，同样的物种可以分布在世界各处。中龙化石在非洲和南美洲被同时发现，就是支持大陆漂移理论（即"板块构造理论"）最有力的证据之一。

| 中龙

270 会游泳的霍瓦蜥是如何调整身体浮力的？

在马达加斯加的上二叠统岩层中发现的化石表明，霍瓦蜥长有一条可游泳的尾巴，其长度是躯体的两倍。如此长的尾巴在陆地上几乎无用武之地，但它的四肢却明显具有陆生爬行动物的特征。在大部分霍瓦蜥化石里，其胃部都有卵石，这表明它们是用吞石块的办法来调整身体的浮力。这是由陆生动物祖先进化为水生动物的游泳技巧之一。

| 霍瓦蜥

三叠纪时期生活着哪些以海为生的动物？

　　三叠纪时期地球上只有一个泛古洋。三叠纪的楯齿龙是一种行动迟缓的海生动物，主要以猎食贝壳类动物为生，这类食物平时潜伏在浅海底。幻龙则吃鱼，幻龙其实是蛇颈龙的进化初级阶段。身体纤长的鱼龙则猎捕周围的鱼类和菊石类（一种史前软体动物）。科学家尚未明确肖尼龙是怎么生活的，它们可能吃鱼，或许吃菊石，也可能是在深海捕食。

| 三叠纪时期的海洋

²⁷² 侏罗纪时期生活着哪些以海为生的动物？

侏罗纪时期覆盖北欧大部分地区的浅海有着丰富的养料，滋养着许多不同种类的生物。有一种巨型滤食鱼名叫利兹鱼，其生活习性和现生的姥鲨一模一样。在近海浅水区生活着海生鳄类，它们靠捕鱼为生。在深海，鱼和菊石的天敌是鱼龙；到了靠近水面的地方，它们又成为薄片龙的盘中餐。而薄片龙是个头更大的上龙的捕食对象。飞行类爬行动物——翼龙则从空中俯冲入海捕鱼。

| 侏罗纪时期的海洋

| 白垩纪时期的海洋

273 白垩纪时期生活着哪些以海为生的动物？

白垩纪晚期的海洋中生活着大量的菊石，它们整天漂浮，有些是肉食性的，有些是滤食性的，还有些是以巨型蜗牛一类的海床生物为食的。在近海的浅水区生活着以猎鱼为生的沧龙，远海则有薄片龙和体形庞大的上龙在游弋。翼龙在天空盘旋，并不时俯冲入海捕食。而鸟类——翼龙未来的取代者，也加入了这个队伍中。

274 为什么说楯齿龙类动物似龟而非龟？

龟是人们熟悉的爬行动物，其最显著的特征是身体包裹在厚重的甲壳中，这种结构在现代爬行动物中是独树一帜的。但是，在龟类出现之前，地球上还生活着一支与它们外观非常相似的动物，它们就是楯齿龙类。楯齿龙类生活在中生代早期的三叠纪，根据甲壳的有无，可以分为两大支系，其中大部分种类都属于具有甲壳的一支。除了甲壳在外观上相似以外，楯齿龙类与龟类几乎没有什么相似的构造，因此它们之间没有任何关系。楯齿龙类现被认为是鳍龙类的一支，与幻龙类、蛇颈龙类等中生代海生爬行动物有着密切的亲缘关系。

275 楯齿龙类的牙齿为什么能咬碎贝壳类动物的壳?

楯齿龙类名称中所谓的"楯齿",是指这类动物的牙齿呈扁平的椭圆状,而非绝大多数爬行动物那样尖利的牙齿。除了上下颌和颌后部长有这种牙齿以外,它们的上腭上还有两排特别宽大扁平的牙齿。这些牙齿形似小磨盘,在强而有力的下颌肌的带动下,可以轻而易举地咬碎贝壳类动物的外壳。

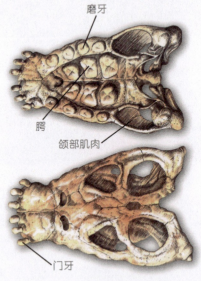

磨牙

腭

颌部肌肉

门牙

| 楯齿龙类的"楯齿"

276 为什么楯齿龙类要长甲壳?

在相同的环境中,生活习性一致的不同动物各自独立进化出了相似的甲壳,这就是我们常说的"趋同进化"。与海龟的生活习性一样,由于行动迟缓,楯齿龙类很容易受到食肉动物的侵害,因此它们大都在背上进化出了甲壳,作为保护自己的武器。

| 楯齿龙类中的龟龙,样子很像今天的海龟。它长着宽宽的像盾牌一样的背壳,上面还分布着一些钉状的骨质突起,因此也有人称它为"粒背海龟"。

144

²⁷⁷ 无齿龙的牙齿全都退化了吗？

无齿龙是一种生存在三叠纪晚期海洋里的楯齿龙类，其外表极度类似乌龟，身上背一个大大的甲壳，使身体的宽度大于长度。无齿龙几乎无齿，仅在嘴的两侧还各保留一颗，其他牙齿基本都退化了，取而代之的是喙状嘴。取食时，它就用坚硬的角质喙来碾碎贝壳类动物。

| 无齿龙

²⁷⁸ 目前已知最早的龟是哪种？

发现于我国贵州省的半甲齿龟，生活在约 2 亿 2000 万年前的三叠纪时期，早于同为三叠纪晚期的原颌龟，是目前已知最早的龟。半甲齿龟的上下颌有牙齿，且只有腹部具有甲壳，背部没有壳。它的肋骨宽广，类似现代乌龟的胚胎。科学家据此推测，乌龟的腹甲是由腹肋演化而成；而特化的脊椎与加宽的肋骨逐渐连在一起，演化出背甲。除此之外，半甲齿龟还具有许多原始特征，例如，不同于现代乌龟的脊椎与肋骨的接触面、颅骨比例、尾椎的横突，等等。

279 有史以来已确知的最大的海龟是哪个？

有史以来已知最大的海龟是古巨龟，这种龟游弋在白垩纪晚期的内陆海中，当时这片海洋覆盖着今天的北美大陆。古巨龟长约 4 米，比一艘划艇还要大。它的壳退化为骨骼，上面覆盖着粗糙的皮肤，样子很像现生最大的海龟——革龟。古巨龟很可能以水母一类软体动物为食。和现生的革龟一样，它的颌部不是很有力。

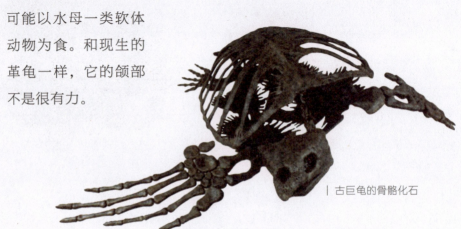

| 古巨龟的骨骼化石

280 哪种龟进化得最成功？

原颌龟之后出现了两栖龟类，它们在中生代时期分布广泛，并一直延续到新生代。其中在中生代晚期，两栖龟类中又分化出了侧颈龟和曲颈龟。侧颈龟是最早能将脑袋缩回壳里的龟类，但是它们缩脖子的动作还不是很流利，要把脑袋横着向壳里缩回去。曲颈龟能通过脖子的伸缩摆动把脑袋缩回壳里，所以它们是龟鳖类动物中进化最成功的种类。我们现在看到的大多数的龟鳖类动物，都是曲颈龟的后代。

281 幻龙类可以离开水生活吗？

幻龙是一类活跃在三叠纪的水生爬行动物，其化石通常保存在海相地层中。它们的脖子、身体和尾巴都很长，看起来跟蛇颈龙有点儿像。但它们的四肢足部上都还保留有指（趾），指（趾）间具有蹼，这说明它们不仅能游泳，还可以在陆地上行走。不过，它们的后肢大于前肢，后肢是主要的游泳工具。它们狭长的颌部长有许多小尖牙，适于捕鱼。由此推断，幻龙类应该是处于陆生动物和海生食鱼类（如蛇颈龙）之间的动物，可以长时间停留在陆地上进行交配、生产等活动。

| 正在捕鱼的幻龙

282 为什么说幻龙类是蛇颈龙类的祖先？

蛇颈龙是一类以鱼为食的海生食肉动物，学名的意思是"如蛇状颈部的爬行动物"。它们出现于侏罗纪，在白垩纪时达到全盛。蛇颈龙类的祖先被认为是三叠纪里出现的幻龙类。这是因为幻龙类的四肢还没有完全适应水中生活而变成鳍，其四肢的足部都有 5 根指（趾），但当演化到蛇颈龙类时，各肢都完全变成了鳍，已经完全适应水中生活。

²⁸³幻龙类都长得一样吗？

　　虽然幻龙类的体形大致上相近，但各个具体物种之间还是存在很大差异的。幻龙长3米，脑袋很长，嘴里长满了小牙；鸥龙则只有60厘米长，是最小的幻龙类之一，它的水生动物特征仍很原始，似乎只能偶尔到海里生活。

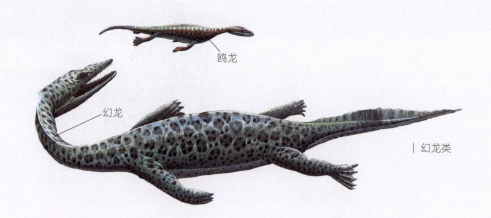

鸥龙

幻龙

幻龙类

²⁸⁴恐龙时代种类最多的海生爬行动物是哪类？

　　蛇颈龙类可以算是恐龙时代种类最多的海生爬行动物，它们中有的小如海豹，有的大如一头中等体形的鲸。它们的身体很宽，尾巴很短，两对翅膀一样的鳍使得它们可在水中快速穿梭。按照脖子的长短，蛇颈龙类可分为两个类型：长颈蛇颈龙和短颈蛇颈龙。与此特征相联系的是头的大小。长颈蛇颈龙具有小而短的头骨，短颈蛇颈龙则具有大而长的头骨。它们都是残暴的肉食者，以鱼类、带壳的蚌类或贝类为食。

285 哪类蛇颈龙享有"中生代的抹香鲸"的大名？

短颈蛇颈龙又叫上龙类，是蛇颈龙中较大的一种，又被喻为"中生代的抹香鲸"。这类动物脖子较短，身体粗壮，有长长的嘴，所以头部较大。它们的鳍脚大而有力，适于游泳。发现于澳大利亚白垩纪地层中的一种上龙，名为克柔龙，身长15米，其中头有3.7米长，上下颌上长满了钉子般的牙齿，大而尖利，咬合时呈交错状，凶猛无比。

克柔龙

286 上龙类动物为什么能成为侏罗纪时的水中霸主？

上龙类动物适应性强，分布广泛，在侏罗纪时的海洋和淡水河湖中均有它们的种类生活着，是名副其实的水中一霸。上龙类动物最独特之处是拥有巨大的头骨，头骨后面宽阔的骨面上附着强健的颈部肌肉，长长的嘴巴里武装着许多锋利的牙齿，因此它们非常适于捕食大型鱼类和乌贼，也适合抓捕更大的猎物，甚至还可捕食同族的长颈蛇颈龙。另外，它们的鳍肢强壮，游速很快，可以轻松上浮和下潜，来捕捉猎物。

287 上龙为什么要吞石头？

在大部分保存完好的上龙化石里都发现了胃石。由此推断，它们吞下石头是为了方便调节身体的浮力，以便很好地实现下潜。当需要上浮时，它们就吐出胃里的石头。其实，能快速游动捕食的水生动物都有这个特征。这种技能比通过"增厚"加重骨骼的重量来下沉更有效。"增厚"是楯齿龙采用的方法。

| 上龙的胃石

288 为什么长颈蛇颈龙不适合潜水？

短颈蛇颈龙能长距离快速游泳，其桨状鳍脚能有力地推动躯体前进。与短颈蛇颈龙相比，长颈蛇颈龙游速比较慢，因为它们不能把鳍脚抬起来超过肩部及臀部，这是由身体构造决定的，而且长脖子是由一节节椎骨连接而成的，左右活动还算灵活，要想上下大幅度活动却很不容易，这一情形不利于在水下活动。所以，它们不适合潜水，只能在水面上漂浮，利用长而弯曲的脖子在水面附近捕食。

| 长颈蛇颈龙

289 薄片龙的长脖子可以像蛇一样灵活吗？

薄片龙是晚期蛇颈龙类的代表，被喻为史前海蛇。它拥有超长的脖子，脊椎骨的数量也很多，这些都使人联想到它的身体可能像蛇一样柔韧。但只要看看脊椎骨的连接方式，就知道这种推测并不正确。因为薄片龙的脖子往左或往右活动都很灵活，但脖子的上下活动却受限。虽然薄片龙要低头很容易，但它并不能像天鹅那样在水面上高高抬起头。

薄片龙

290 有些薄片龙的牙齿为什么长在了嘴的外面？

对于大多数薄片龙类来说，锋利的尖牙是在捕鱼的过程中进化出来的，但对于薄片龙的一些类型，例如水怪龙来说，牙齿却像是长错了形状。虽然水怪龙的牙齿也是长而尖的，却都伸向嘴外，这样就不容易咬住滑溜溜的鱼身。这些薄片龙很可能只是把牙齿当作渔网来用，它们只吃小鱼和无脊椎动物。换句话说，它们把牙齿当作耙子，在海底的泥沙中筛滤食物。

291 现在还有蛇颈龙存在吗？

一直以来，不断有人声称自己曾亲眼看见过与蛇颈龙很相似的动物出没，证据是几张腐烂动物尸体的照片，照片上的动物看起来的确很像是蛇颈龙。但最后，照片里的动物往往被证实其实是姥鲨。虽然姥鲨和蛇颈龙毫无相似之处，但前者的尸体分解后却和后者很相似：背上的鳍和尾鳍都脱落了，失去了鲨鱼的基本特征；巨大的颌部也脱落了，最后在长长的脊椎骨上就只剩下一个小脑腔，乍看起来的确很像蛇颈龙。

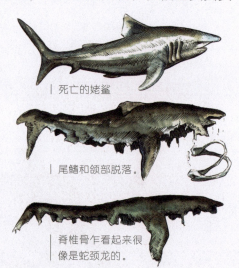

| 死亡的姥鲨

| 尾鳍和颌部脱落。

| 脊椎骨乍看起来很像是蛇颈龙的。

292 传言中的尼斯湖水怪是蛇颈龙的后代吗？

几百年来，去苏格兰高地的尼斯湖寻找一种疑似蛇颈龙的动物已成为当地的旅游观光项目之一。从科学理论上说，蛇颈龙早已在白垩纪末期的大灭绝事件中彻底消失了。但一直以来，不断有人声称在尼斯湖亲眼看见过水怪，并拍有照片为证。根据照片，专家怀疑尼斯湖水怪很可能是蛇颈龙的后裔。言论是否属实，证据是否确凿可信，目前都还不能下定论。如今，尼斯湖水怪仍是一个未解之谜。

为什么人们对蛇颈龙的认识比恐龙还早？

　　这是因为早在发现恐龙之前，蛇颈龙化石就已在古生物收藏者中闻名遐迩。1719 年，英国考古学家威廉·斯图克里得到了一块来自诺丁汉郡的奇怪头骨化石，限于当时的科学认识，他认定这块残破不堪的头骨来自一只海豚或者鳄鱼什么的……一百年过去后，英国科学家们开始重新认识这块头骨，猜测它可能属于某种已经灭绝了的爬行动物。巧合的是，就在 1824 年，英国古生物学家玛丽·安宁小姐迎来了她继发现鱼龙化石后的第二个重大发现——发掘出一副这种海洋古爬行动物的完整化石，科学界才将其定名为蛇颈龙。

这幅史前海岸场景的雕刻画完成于 19 世纪，画中描绘了一只巨型鱼龙遭两只蛇颈龙攻击的景象。虽然画面远不够完美，但对海生动物的描绘却比同时期描绘的恐龙图精确多了！

294 鱼龙类动物都长什么样？

在进化成像海豚那样标准的流线型体形之前，鱼龙曾出现过各种各样大小不同的体形，这种情况在三叠纪早期尤为常见。这些不同的种类各有各的生活习性和游泳技巧。有些身体像鳗鱼那样纤长，没有作用明显的尾鳍；有些可以快速游动，像蛇颈龙和企鹅一样用尾巴来掌舵；有的则像鲸那样大，随着骨头不断生长，身体逐渐变沉，最后长时间在深海生活。到了侏罗纪，种类繁多的鱼龙最后都进化成了海豚那样的体形。

| 鱼龙类

杯椎鱼龙

混鱼龙

真鼻龙

肖尼龙

大眼鱼龙

295 鱼龙的眼睛为什么这么大？

大部分鱼龙都长着一对大眼睛，而这对眼睛由一圈骨环（巩膜环）保护着。鱼龙眼睛的直径最大可达 30 厘米，而目前所知的现生脊椎动物中眼睛最大的是蓝鲸，眼睛直径也才 15 厘米。眼睛越大，感光细胞就越多，聚光能力就越强，这对于时常深潜至中深层海水区内的鱼龙来说是必需的，使它们在极弱的光线下也能拥有良好的视觉，便于追捕猎物。

296 鱼龙是海豚的祖先吗？

　　从外形上看，鱼龙跟海豚长得很像，也拥有流线型的身体，嘴长长的，里面布满尖尖的牙齿，背上长有三角形的鳍，身体两边有一对鳍，尾部有大大的尾鳍；鱼龙的习性也和海豚一样，需要不时地浮上水面呼吸。但事实上，鱼龙是一种生活在海洋里的爬行动物，出现于三叠纪，在侏罗纪时和蛇颈龙共同统治着海洋。海豚的祖先应该是生活在陆地上的哺乳动物，后来才转移到海中生活。所以，鱼龙不是海豚的祖先。

| 鱼龙

297 鱼龙妈妈是直接产下小鱼龙的吗？

　　爬行动物一般都在陆地上产蛋，这也是它们区别于自己的两栖动物祖先的重要特征。不过如果环境太恶劣，产下的蛋很容易被破坏的话，有些爬行动物也会直接产仔（即卵胎生）。鱼龙就是如此，它不在水中产卵，而是把卵留在自己的身体里，让卵在身体里孵出小鱼龙来，然后才生出它。小鱼龙出生时先把尾巴伸出来，等到能熟练使用尾鳍和鳍脚后再离开妈妈。

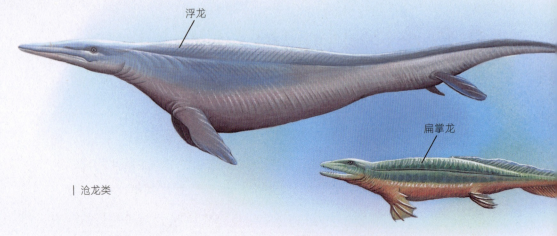

浮龙

扁掌龙

| 沧龙类

298 沧龙是一类什么样的动物？

　　沧龙是科学家对白垩纪时期分布很广的一类海生爬行类的统称，它们与现在的陆生蜥蜴关系密切。这类动物通过把鼻孔位置后退到头顶后方，四肢转化为桨状桡足，尾部加高并变长成为水中的推进器等，来适应海洋生活。它们头大牙利，是天生的捕食机器。早期类型个体较小，仅部分习惯海洋生活，以捕食菊石、箭石等软体动物为生。后期的种类个体迅猛增大，很快就成为与蛇颈龙势均力敌的巨型海怪。

299 沧龙的祖先是蜥蜴吗？

　　沧龙的祖先很可能是一种陆生蜥蜴，而生活在白垩纪晚期的水生蜥蜴——达拉斯蜥蜴则被视为沧龙与其陆生蜥蜴祖先的失落连结。达拉斯蜥蜴体长可达 1 米，尾巴扁平，还没有进化出像沧龙那样的鳍状肌。达拉斯蜥蜴的发现对于研究沧龙的祖先进入水中并且成为白垩纪末期海洋中的顶级掠食者具有重要的意义！

300 沧龙与现代巨蜥有哪些相近的地方？

沧龙的头骨很长，在构造上与现代巨蜥很相似，所以沧龙与巨蜥有较近的亲缘关系。与巨蜥相像，沧龙类的脖子短，鼻孔长在头顶上，以便把头露出水面进行呼吸。另外，沧龙还具有与现代巨蜥和蛇一样的下颌骨，即在下颌骨中部有一个附加的关节，能把下颌骨撑开，尽量装满食物。这个下颌骨不仅能下降得很低，而且能向两侧打开，这样在吞食时就不会漏出食物来。

301 为什么说海王龙是凶猛的捕食者？

海王龙属沧龙一族，具有长而尖的嘴，嘴里长满尖利的牙齿，颈部极短，身体细长，原始形态的体长大约 12 米，体重约 10 吨。尤为突出的是，它们有一条约占身体长度二分之一的长条形桨状大尾，是快速游动的强力推进器。它们以鱼类、海龟和长颈蛇颈龙类为食。一旦发现猎物，它们便猛追不舍，直到咬住为止。由于游速极快，即使是非常善于游泳的肉食性鱼类也难逃被它们捕食的厄运。

| 海王龙

157

恐龙的飞行远亲动物之谜

302 与恐龙同时代的飞行动物有哪些？

当史前的恐龙、鱼类和哺乳动物统治地球的时候，天上也非常热闹。早期的飞行者是一些简单的动物，但它们的结构与功能却在逐渐变复杂。首先是昆虫，它们一直繁盛至今。接下来是能滑翔的爬行动物，它们由原先在地面营生的爬行动物进化而来。不久，它们的位置被翼龙取代。翼龙算是最著名的古爬行动物了。最终，鸟类在恐龙时代中期出现，并开始统治天空直至今日。

巨脉蜻蜓是恐龙时代里会飞的巨型昆虫之一。

中国鸟是一种原始的鸟类，出现于恐龙时代中期。

303 最早会飞的爬行动物有哪些？

已知最早能飞行的爬行动物是二叠纪时的空尾蜥。它的样子很像蜥蜴，但肋骨向外伸展，支撑着可用来滑翔的皮翼。现代马来西亚飞蜥的飞行原理与此如出一辙。到了三叠纪晚期，空尾蜥这类滑翔动物被翼龙所取代。翼龙是首批适应主动飞行的爬行动物，它们和恐龙几乎同时出现，并一道在白垩纪晚期灭绝。

304 早期的飞行动物为什么都采用滑翔飞行方式？

最简单的飞行方式是滑翔——这种飞行方式并不需要动用太多肌肉来产生力量，所必需的只是轻盈的身体，以及一种可以利用空气使得身体一直被托于空气中的翼型结构，就像投掷一架纸飞机那样。二叠纪和三叠纪有许多这样飞行的爬行动物，它们各自都有不同的祖先。运用这个方式飞行的现生动物包括来自马来西亚的鼯鼠、飞蜥，甚至还有飞蛙。

孔耐蜥是一种生活于三叠纪晚期的擅长滑翔的爬行动物。

159

翼龙的翅膀由翼膜
组成，在臂上伸展，
在第四指上延长。

305 翼龙为什么会飞？

　　翼龙是古代爬行动物中能在空中飞行的一个大类群。起初，翼龙并不会飞，而是和鳄鱼一样只能爬行，但是随着时间的推移，它们进化出了像鸟类翅膀一样能够飞行的翼膜。翼膜是层皮肤，非常薄，并且柔软。翼膜内没有骨骼支撑，因此十分轻盈。翼龙就是靠这样的皮膜在空中滑翔。另外，翼龙的骨骼非常轻，骨头中间是空心的。正因为具有这样轻盈的体态，它们才能在天空中飞翔。

306 翼龙是鸟的祖先吗？

　　虽然翼龙和鸟都会飞，但它们的翅膀和飞行方式差别很大。鸟的身体上附着羽毛，每一根羽毛都是由中央的羽轴和两侧的羽片构成，羽片是不对称的。鸟在天空中飞翔时，采用的是振翅飞行，每根飞行羽毛都能在振翅飞行中产生向上升的力量。翼龙的前肢高度特化，第四指加长变粗成为飞行翼指，与前肢共同构成飞行翼的坚固前缘，支撑并联结着身体侧面和后肢的膜。由于皮膜内没有骨骼支撑，因此翼龙只能在空中滑翔。从这一点上看，翼龙不是鸟的祖先。

160

307 翼龙是蝙蝠的近亲吗？

翼龙和蝙蝠飞行用的双翼都是薄薄的皮膜，并且它们休息时都喜欢倒挂在树上或悬崖上。与翼龙无骨皮膜构造不同的是，蝙蝠的双翼主要由 4 组指骨构成，休息时双翼可以折叠起来，起飞时可以像自动雨伞一样快速打开。另外，蝙蝠是哺乳动物，而翼龙是爬行动物，两者在生理构造上差异较大，而且蝙蝠是在翼龙灭绝后才开始进化的。因此，它们之间根本就不存在亲缘关系。

| 蝙蝠

308 翼龙化石最早是什么时候发现的？

乔治·居维叶确定了翼龙的正式学名。

事实上，翼龙化石的发现比恐龙早了半个多世纪。早在 1784 年，意大利的古生物学家科利尼在德国发现了第一具翼龙化石，但是当时他并不能确定化石是属于哪一类动物的。于是，有人提出这种动物生活在海洋中，也有人认为它是鸟和蝙蝠之间的过渡类型等。直到 1801 年，法国著名的比较解剖学家居维叶才确定了翼龙的正式学名，并将它归为爬行动物。

索德斯龙身上长着体毛。

309 翼龙身上长毛吗？

1971 年，人们在哈萨克斯坦发现了生活在侏罗纪时期的索德斯龙的化石。这块化石相当完整，上面有浓密的毛丛痕迹，从而证实了许多古生物学家长期以来的猜测，即翼龙是覆有体毛的。索德斯龙的化石是翼龙长毛的最好证据，现在人们已普遍接受翼龙身上长毛的观点。

310 翼龙如何在地面上活动？

关于翼龙是如何在地面上活动的，我们目前还无法确知，只能凭借一些已有的线索来进行推论。传统理论认为，翼龙像蜥蜴那样爬行；另有一些科学家则认为，它们可以像鸟类一样用后肢飞奔，奔跑时可将双翼折叠收起。不过，从在南美洲的湖泊沉积中发现的翼龙足迹化石可以看出，翼龙后肢的足迹很窄，而前肢的足迹要宽些，这表明翼龙把前肢当作拐杖一样来直立行走。而最终得出的理论是，翼龙和蝙蝠相类似，难以下到地面生活，而是倒挂在树上的。

| 双型齿翼龙可能利用前肢支撑着行走。

311 翼龙会游泳吗？

既然许多证据证明翼龙是生活在湖边和海岸边的，那么它们是不是像鸭子一样会游泳呢？一些科学家认为，翼龙可能会游泳或至少可以漂浮在水面上休息，因为曾经发现过后肢的趾间有蹼的翼龙化石。但也有一些专家反对这种假说，他们认为翼龙的翅膀太宽大了，无法使它们浮在水面上。不管怎样，翼龙至少可以掠过水面，寻找并捕食那些毫无防备的鱼。

312 翼龙是怎样捕食的？

很多翼龙都是在飞行过程中捕食的，比如飞行过程中突然插到水里面抓鱼，与现在的海燕一样。根据牙齿化石可以看出，许多翼龙以捕鱼为生。我们知道，飞行动物在飞行过程中很容易失去平衡，所以它们不会边飞行边叼着鱼，而是捕获后马上将鱼吞掉，以保持身体的平衡。因此可以推测，翼龙也是这样做的。

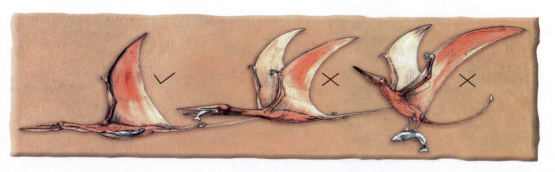

| 翼龙捕食方式的推测

313 翼龙家族有哪些成员？

　　翼龙是三叠纪、侏罗纪和白垩纪里最重要的飞行动物。它们迅速进化，将那些已证明能适应环境的特征保留下来。翼龙家族成员可分为两大类：一类是较原始的喙嘴龙类，它们是最早的翼龙，早在三叠纪时就已经出现，特征是拖着长尾、翼指骨很短、翼面狭窄；另外一类是较进步的翼手龙类，它们直到侏罗纪晚期才开始出现。

314 最古老的翼龙长什么样？

　　真双型齿翼龙是最古老的翼龙，生活在三叠纪晚期的海岸边。它属于喙嘴龙类，用翼指骨支撑着一面狭长的由翼膜组成的翼面，翼展约1米。由于牙齿的多样化，真双型齿翼龙的食物也有了更多的选择。另外，它的身体披毛，这有助于主动飞行。科学家推测，真双型齿翼龙能在海面上低飞，它的大眼睛能准确判断出水中的鱼和空中飞行昆虫的位置；它的长尾巴在飞行时很可能伸直，以保持身体平衡。

狭长的翼面

短翼指骨

形状各异的牙齿

身体披毛

| 真双型齿翼龙

长尾巴

315 喙嘴龙类像苍蝇拍一样的长尾有什么用?

喙嘴龙类属于比较原始的翼龙,尾巴很长,末端有垂直伸长的像苍蝇拍一样的舵状皮膜。有人用紫外线照射舵状皮膜的痕迹化石,发现喙嘴龙尾巴上有许多小的突起,正是这些突起在进化过程中形成了舵状皮膜。长尾巴上的这种舵状皮膜使翼龙在飞行时能保持平衡,特别是在空中改变飞行方向时,能起到稳定作用,很像飞机上的自动稳定器。

316 翼手龙类具有哪些不同于喙嘴龙类的特征?

翼手龙类是从喙嘴龙类进化而来的,却与喙嘴龙类有几点明显的不同。首先,翼手龙类的头颈部比喙嘴龙类的长,尤其是颈椎很长;头部与颈脖成直角,而不像喙嘴龙类那样呈一条直线;颅骨也更轻。其次,翼手龙类的尾巴很短,没有尾舵,尾巴对飞行也无作用。

| 翼手龙

317 翼手龙类头上的冠有什么用？

许多翼手龙都长有引人注目的头冠，它们凭此传达信息，从而确认对方是否为自己种群的成员。无齿翼龙是最著名的有冠翼龙，它那尖尖的头冠指向后方，很可能是用来控制飞行方向的；脊颌翼龙的半圆冠分别长在上下颌上，这样的构造可能有助于它在飞行时劈开水面，把嘴插入水中叼鱼；古神翼龙的头部前端长着高高的头冠，头冠的后面很可能有皮膜支撑；妖精翼龙的头冠由大骨板组成，骨板向上生长并突出于脑后，上面覆有一层充满血管的皮肤，除展示求偶之用外，可能还起调节体温的作用。

| 无齿翼龙

| 脊颌翼龙

| 古神翼龙

| 妖精翼龙

318 中国最早发现的翼龙是哪个？

准噶尔翼龙是中国首次发现的翼龙，生活在白垩纪早期中国新疆的准噶尔盆地，因此得名。准噶尔翼龙属于翼手龙类，是一种大型翼龙，翼展超过3米，但模样极为怪异。它的头很大，头骨狭长，头顶有一个冠状脊；眼睛发达，尾部短小；喙就像是一把向上弯曲的钳子，喙后部还长着两排用于压轧的疙瘩齿，从头后半部一直延伸至吻部。

| 准噶尔翼龙

³¹⁹ 已知最大的翼龙有多大？

18 世纪 70 年代发现的无齿翼龙可算是最大的翼龙之一，最大的个体翼展可达 9 米。不过，到了 19 世纪 70 年代，人们在美国得克萨斯州白垩纪时的地层内找到了更大的翼龙。人们根据当地阿兹特克神话传说中的"飞蛇"将它命名为披羽蛇翼龙，也叫风神翼龙。科学家估计，风神翼龙的翼展可达 11~12 米，而已知最大的鸟类是已经灭绝的阿根廷巨鹰，翼展达 7 米。在现生鸟类中，翼展最宽的是皇家信天翁，达 3 米。

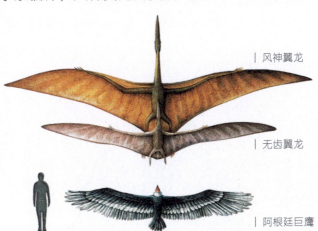

| 风神翼龙

| 无齿翼龙

| 阿根廷巨鹰

³²⁰ 已知最小的翼龙有多小？

已知最小的翼龙这一纪录，为森林翼龙所保持，其翼展约 25 厘米。森林翼龙的脑袋比较大，而且很尖，脑袋上长有一对大眼睛。与大部分翼龙不同，森林翼龙没有牙齿。森林翼龙的身体细小，四肢强壮，前肢指骨加长，上面连着翼膜，这个翼膜与后肢相连，构成了用于飞行的双翼。除了翼膜，森林翼龙的四肢上长有弯曲的钩爪，钩爪能帮助它们在树上爬来爬去。

321 鸟类是恐龙的后代吗？

　　1861 年，在德国巴伐利亚索伦霍芬的石灰岩采石场，发现了一具带有羽毛印痕的古脊椎动物化石骨架，距今约 1.5 亿年。后来在这一带总共发现了 10 具这类化石，这就是著名的始祖鸟化石。始祖鸟有着长长的脖子和尾巴；后肢粗壮，前肢比较短小，已特化为翅膀，但仍保留有爪子；嘴巴里生有锐利的牙齿；前肢（即翅膀）和尾巴上有较长的羽毛。始祖鸟化石的发现，为鸟类起源于爬行动物这一理论提供了实物依据。但它究竟是哪一类爬行动物的后代呢？围绕这个疑问，科学家们长期争论不休，有的认为鸟类起源于恐龙，有的认为起源于槽齿类爬行动物，有的认为起源于鳄类。三种说法各有各的理由，但从化石资料上看，鸟类起源于恐龙的说法证据似乎更充分一些。现在，国际上多数学者已同意"鸟类起源于一类小型的兽脚类恐龙"这一说法。

| 始祖鸟的化石

322 为什么有人反对"鸟类起源于恐龙"的理论？

目前，国际上还有不少学者不同意鸟类起源于恐龙的说法，他们的主要根据是：首先，已知和鸟类最相似的恐龙都出现得太晚，已过于特化，不可能再进化为鸟；其次，它们和鸟类的相似处是趋同演化的结果，并不能说明它们之间有很近的系统关系；第三，恐龙的手指和原始四足动物的第一、第二、第三指同源，而鸟类的手指则相当于它们的第二、第三、第四指。因此，他们认为鸟类和恐龙没有关系。

小盗龙会从一棵树上滑翔到另外一棵树上，因此它被视为是一种近鸟类恐龙。

323 近鸟类恐龙是怎样从地栖生活转变为飞翔生活的？

关于近鸟类恐龙是如何会飞的，现有两种说法：一种观点认为，盗龙类在树上攀缘，经常利用羽毛并借助重力向下滑翔，由此形成了强大的主动飞行能力；另一种观点认为，原始鸟类是双足奔跑动物，它们在奔跑过程中前肢逐渐解放出来，演化出拍打能力，起到加速的作用，从而获得起飞速度，飞离地面，冲向蓝天，而翅膀就是在这一过程中由前肢演变而来的。

324 中华龙鸟与鸟类的起源有什么关系？

1996 年，在中国辽宁省发现了一种浑身长满绒状细毛的小恐龙，它是世界上发现的第一只长有绒状细毛的恐龙，被命名为中华龙鸟。它拥有一个大头颅，形体大小与鸡相近，前肢短小，后肢长而粗壮，嘴里长有锐利的牙齿。除了长毛以外，它那条有多达 58 节尾椎骨的特长尾巴，也是一个重要的特征。中华龙鸟可能代表了鸟类起源和演化的祖先的类型。

| 中华龙鸟

325 为什么原始祖鸟的归属很难确定？

1997 年末，在中国辽西发现了原始祖鸟化石。它生活于白垩纪早期，与在德国巴伐利亚索伦霍芬发现的始祖鸟相似，但骨骼更强壮，形态更原始，因此得名"原始祖鸟"。它的前肢和尾巴上都长有对称的羽毛，形态似鸟又似恐龙，使鸟与恐龙之间的界线更加模糊。从整体外观观察，原始祖鸟的演化形态较中华龙鸟更为进化，也就是说它与鸟类的亲缘关系更为接近。因此，关于它到底是不是鸟类一直存在争议。多数学者认为，它是带有真正羽毛的恐龙，但也有学者提出它是次生失去飞行能力的真正鸟类。

326 始祖鸟的飞行能力比现代鸟类差吗？

从始祖鸟身上保留下来的一系列与爬行动物相似的特征可以看出，它适应飞行的各方面构造还很不完善，但它的羽毛跟现代鸟类已经差别不大。由于没有胸骨和龙骨突，它翅膀上肌肉的力量要弱于现代鸟类，而且长长的尾巴对飞行来说是一种负担。因此推测，它的飞行能力要比现代鸟类差一些，很可能只能在低空滑翔。

327 尾羽龙是鸟吗？

尾羽龙（尾羽鸟）是在中国辽西发现的，生活于白垩纪早期。它最大的特征是尾巴短，尾巴末端长着一簇羽毛，羽毛呈扇形，羽毛上的羽片对称。尾羽龙最初是作为带有真正羽毛的恐龙被定义的。对于许多古生物学家来说，尾羽龙的主要意义在于和原始祖鸟一起第一次证明恐龙具有和鸟类一样的羽毛结构。但是，不是所有的学者都同意"尾羽龙就是恐龙"这一观点，他们的看法是，尾羽龙既不是最原始的鸟类也不是恐龙，而是一种最早失去飞行能力的特化鸟类。

身形小巧的尾羽龙（右下角处）与许多长着羽毛的兽脚类恐龙生活在一起。

| 孔子鸟

328 哪种鸟最早用喙取食?

孔子鸟是已知最早长有喙的鸟,同时也是一种既特化又十分原始的古鸟,出现于白垩纪早期。它的喙由骨质的薄长条组成,套在轻盈的角质里,将力量和轻盈结合在了一起。任何减轻重量的构造,对飞行动物而言都是极其有利的。

329 哪种鸟最早长有小翼羽?

现代鸟类前肢的第一指上附着几根羽毛,这些羽毛的活动独立于其他的飞羽,一般被称为小翼羽。在西班牙白垩纪地层中发现的早期小翼羽鸟,是已知最早带有小翼羽的鸟类。小翼羽这一构造的原理是:通过很细微的运动,可以有效改变流经翼面的空气,使得动物能更好地控制飞行。所有的现代鸟类都有小翼羽结构。

³³⁰巨型肉食性鸟类大概是什么时候出现的？

6600 万年前，当恐龙全部灭绝之后，一大批不会飞、以捕猎为生的巨型鸟类开始出现。南美洲的曲带鸟和北美洲的不飞鸟，都长着能快速奔跑的后肢和狰狞的头部。它们是由一种中型肉食性恐龙进化而来的。在美国佛罗里达州发现的泰坦鸟，翼指上甚至还长有小爪子。恐龙消失后，在类似于食肉龙的生态区位里，占据主导角色的是巨型肉食性鸟类。

| 泰坦鸟

图书在版编目（CIP）数据

你不可不知的十万个恐龙之谜 / 禹田编著. 一昆明：
晨光出版社，2022.3
ISBN 978-7-5715-1314-6

Ⅰ.①你… Ⅱ.①禹… Ⅲ.①恐龙－少儿读物 Ⅳ.
①Q915.864-49

中国版本图书馆 CIP 数据核字（2021）第 222266 号

NI BUKE BUZHI DE SHIWAN GE KONGLONG ZHI MI

你不可不知的十万个恐龙之谜

禹田 编著

出 版 人　杨旭恒

选题策划　禹田文化
项目统筹　孙淑婧
责任编辑　李　政　　常颖雯
项目编辑　张　玥　　石翔宇
装帧设计　尾　巴
内文设计　张　然

出　　版　云南出版集团　晨光出版社
地　　址　昆明市环城西路 609 号新闻出版大楼
邮　　编　650034
发行电话　（010）88356856　88356858
印　　刷　河北鑫彩博图印刷有限公司
经　　销　各地新华书店
版　　次　2022 年 3 月第 1 版
印　　次　2022 年 3 月第 1 次印刷
开　　本　170mm×250mm　16 开
印　　张　11.25
字　　数　135 千字
ISBN　978-7-5715-1314-6
定　　价　29.80 元